ヤマハルーター＆スイッチによる

実践ネットワーク技術と設計

YCNE Advanced CORE★★★対応

のびきよ、ヤマハ株式会社［著］

参考文献

ヤマハ株式会社　公式サイト　製品情報ページ
https://network.yamaha.com/products

本書サポートサイト
https://book.mynavi.jp/supportsite/detail/9784839984809.html

はじめに

本書は、実践的なネットワークの構築手法や技術、設定について学習される方を対象にしています。また、ヤマハネットワーク技術者認定試験

YCNE(Yamaha Certified Network Engineer) Advanced CORE ★★★

に対応しています。

本書では、最初にネットワークを構築する時の工程（要件定義、設計、設定工程、テスト）について説明しています。その工程に従って、小規模ネットワークや大規模ネットワークの構築例を、シミュレーション形式で説明していきます。

構築例を示す際、技術的な説明もしていますが、基本的な内容は理解されていることを前提としており、実際の設計での考え方やポイント、設定やテストとしてやるべき内容などを中心に説明しています。

構築例では、L2TP/IPsec、OSPF、スパニングツリープロトコル、VRRP、スタック、リンクアグリゲーション、IEEE 802.1X 認証、PoE など多くの機能で、どのように設計して構築していくのかを説明しています。

本書により、実際のネットワーク構築方法について理解を深め、ネットワークエンジニアとしてステップアップするとともに、YCNE Advanced CORE ★★★試験合格の近道となることを願っています。

2023年 12月　のびきよ

アイコンの説明

本書では、以下のアイコンを使っています。

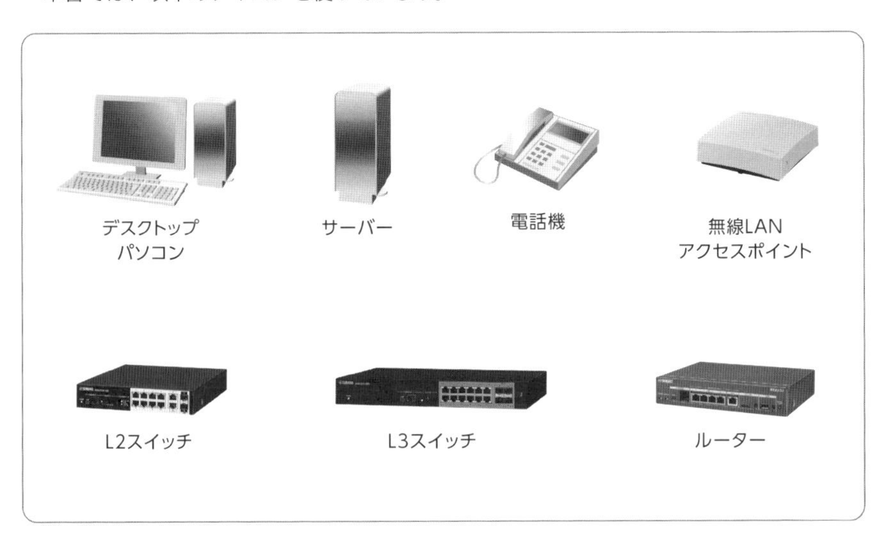

包括的言語の利用について

ヤマハでは、包括的言語の利用を促進しています。このため、今後は以下のように用語の変更が行われることになっており、本書でもその方針にしたがって用語を利用しています。

機能	変更前	変更後
クラスター管理	マスター AP	リーダー AP
	スレーブ AP	フォロワー AP
スタック	マスタースイッチ	メインスイッチ
	スレーブスイッチ	メンバースイッチ
L2MS	マスター	マネージャー
	スレーブ	エージェント
	スレーブルーター	エージェントルーター
	スレーブスイッチ	エージェントスイッチ
	スレーブ AP	エージェント AP

ヤマハネットワーク技術者認定試験の概要

ヤマハネットワーク技術者認定試験（Yamaha Certified Network Engineer）は、通信インフラであるコンピューターネットワークとヤマハネットワーク製品に関する技術の証明に加えて、ネットワークエンジニアを育成する目的としてヤマハ株式会社が定める厳格な基準に基づいて、同社が公式に認定する制度です。

2021年6月より初級レベルにあたる「YCNE Basic ★」、2022年11月より中級レベルの「YCNE Standard ★★」、2024年3月上級レベルの「Advanced CORE ★★★」の各認定試験が開始されています。

「Advanced CORE ★★★」認定は以下の試験に合格することで取得することができます。

試験名称	Yamaha Certified Network Engineer		
レベル	YCNE Advanced CORE ★★★		
対象者	● ネットワーク運用保守に関して深い知識と理解を持っているエンジニア ●「YCNE Standard ★★」合格できる知識・スキルを有する方		
問題数	50問		
出題形式	選択問題		
試験形態	コンピュータを使った試験（CBT）	試験時間	60分
受験料	一般価格：14,850円（税込） 学割価格：　9,900円（税込） 団体割引：10名以上の申し込みで一般価格より1割引 ※詳しくは下記公式ホームページで確認することができます。		

https://network.yamaha.com/lp/ycne/（公式ホームページから抜粋）

・**受験の申し込み方法**

ヤマハネットワーク技術者認定試験を受験するためには、オデッセイコミュニケーションズの各試験会場で受験の申し込みを行います。

1. 受験の申し込み ：受験を希望する試験会場を検索して、直接申し込みを行います。
   https://cbt.odyssey-com.co.jp/place/index.html
2. OdysseyIDの登録 ：オデッセイコミュニケーションズで初めて受験をする場合は、OdysseyIDを登録する必要があります。
   https://cbt.odyssey-com.co.jp/cbt/registration/index.action

・**オデッセイコミュニケーションズ　カスタマーサービス**

Odyssey CBT 専用窓口 ：03-5293-5661（平日 10:00 ～ 17:30）

・**ヤマハネットワーク技術者認定 についての問い合わせ先**

ヤマハネットワークエンジニア会　事務局

電話番号 ：03-5651-1702（平日 9:00 ～ 12:00 / 13:00 ～ 17:00　祝日・定休日を除く）

※ 記事は2024年2月現在の情報です。試験公式ホームページで最新の情報を確認してください。

目次

2章 大規模ネットワークの構築

3章 さまざまな要件に対応する設計、設定工程、テスト

索引

1章

小規模ネットワークの構築

1章は、ネットワークを構築する時の工程 (進め方) について説明します。その後、小規模ネットワークの例を挙げて、工程にそってどのように構築していくのかを説明します。

1.1 ネットワーク構築の工程

　家庭内でルーターをインターネットに接続する時、少しネットワークについて理解していれば、すぐに設定して構築できるかもしれません。しかし、ある程度の規模になってくると、ネットワーク構築の進め方を知らないと、手戻りやトラブルが多くなったりします。

　本項では、ネットワーク構築の工程について説明します。

1.1.1 工程定義

　ネットワークを構築する時は、次の工程の順番に進めて行きます。

■ 工程定義

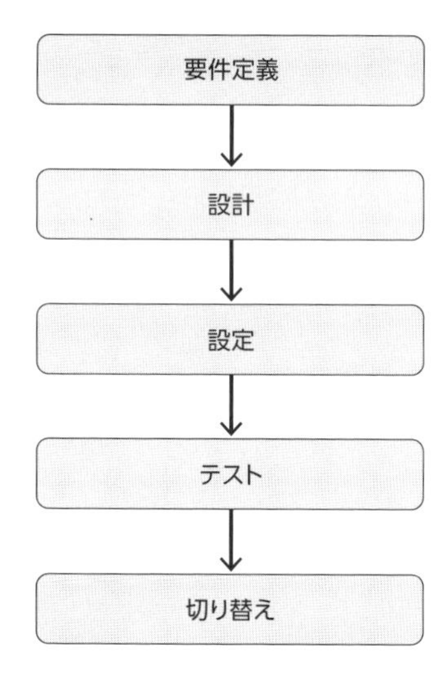

ネットワークを構築する時、必ずしも前ページの内容を細かく行う必要はありませんが、ある程度スケジュールや必要なことを考えたりすると思います。これを、工程として表すと図の流れになります。つまり、この流れを理解しておくと、やるべきことを忘れることも少なくなり、構築をスムーズに進めることができます。

次からは、各工程について説明します。

1.1.2 要件定義工程

要件定義とは、ネットワークを構築する時に必要な内容をまとめることです。たとえば、1階と2階があるためLANスイッチが2台必要、それぞれ20台のパソコンが接続されるなどです。

要件定義は、以下のようにExcelなどで要件書としてまとめると、後で確認するのに便利です。

■ **要件書の例**

項	要件	チェック
1	1階と2階がある。	□
2	1階は4チームあって、それぞれにLANスイッチが必要。	□
3	2階にも4チームあって、それぞれにLANスイッチが必要。	□
4	それぞれのLANスイッチに接続するパソコンは数台程度。	□
5	1階には共通で利用するサーバーがあるため、専用のLANスイッチが必要。	□
6	1階と2階でネットワークを分けたい。	□
7	インターネットからVPN接続する必要がある。	□
・・・		

要件定義では、技術的なことは考慮せずに必要なことだけを考えます。必要な要件を満たさないネットワークを構築すると、後でやり直しになってしまいます。このため、要件を忘れないようにすることが重要です。

また、要件書に従って仕様策定を行っておくと、次の設計工程で参考になります。仕様策定とは、要件書を基に実現方法をまとめることです。たとえば、24ポート(またはインターフェース)のLANスイッチを2台購入する、他のネットワークと分離するためにVLAN(Virtual LAN)を利用するなどです。

仕様策定では、次のような仕様書をまとめます。

1. L2スイッチ

L2スイッチを11台導入する。設置場所は1階に6台、2階に5台。
必要な機能は、以下のとおり。

① 8ポート以上。
② VLANに対応。

2. L3スイッチ

L3スイッチを1台数導入する。設置場所は1階。必要な機能は、以下のとおり。

① 8ポート以上。
② ルーティング対応。

3. VPN装置

リモートアクセスVPN(Virtual Private Network)装置により、インターネットからイントラネットへ接続可能にする。設置場所は1階。

① L2TP/IPsecに対応。

ここで重要なのは、仕様策定後に要件書の内容を満たしているかチェックすることです。要件書のチェック欄を使いますが、小規模なネットワークでは目視で確認するのでもよいと思います。

1.1.3 設計工程

設計工程には、大きく分けて２つの作業があります。方式設計と詳細設計です。小規模なネットワークでは、区別せずにまとめて設計することもあります。以下は、方式設計と詳細設計の概略です。

■ **方式設計と詳細設計の概略**

区分	概略
方式設計	構築するネットワークの役割、各装置で使う機能の定義などを行います。
詳細設計	方式設計に基づいて、導入する機器のパラメーター (設定値) を決めます。

方式設計では、ネットワーク構成図も完成させます。また、方式設計か詳細設計時に可能であればどのポートと接続するのかわかるように記載しておくと、後々確認がしやすくなります。

■ **接続するポートがわかるネットワーク構成図**

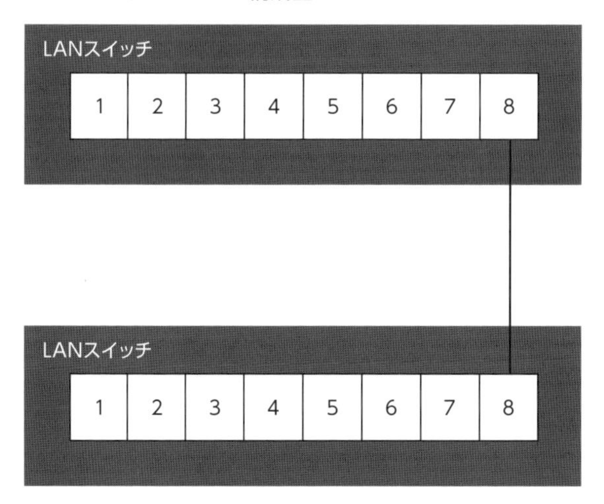

ネットワークの規模が大きくて、どのポートと接続するのかネットワーク構成図に書けない場合、Excelなどで管理しておくこともあります。

1.1.4　設定工程

設定工程も、大きく分けて2つの作業があります。設定とテスト仕様書の作成です。以下は、概略です。

■ **設定とテスト仕様書作成の概略**

区分	概略
設定	詳細設計で作成したパラメーターを基に、実際の機器に設定を行います。
テスト仕様書作成	次工程のテストで使うテスト仕様書を作成します。テストには、装置単体で行う単体テストと、通信などを行って装置間の連携確認も行うシステムテストがあります。

以下は、単体テスト仕様書の例です。

■ **単体テスト仕様書の例**

単体テスト仕様書：LAN スイッチ

区分	項	テスト内容	手順	予想される結果	第一回		第二回		メモ
					確認日	結果	確認日	結果	
基本機能	1	電源 ON/OFF	LAN スイッチの電源を ON、OFF する	電源ONで起動、電源 OFF で停止					
	2	ログイン	コンソールからユーザー ID とパスワードを入力してログインする	プロンプトが表示される					
VLAN	3	VLAN の確認	VLAN の一覧を表示する。	VLAN10 と20 が表示される					
・・・									

ポイントは、「予想される結果」です。予想される結果は、何をもってテストが成功したかを明確にしておきます。

また、テストでは失敗することもあるため、失敗した記録も残すために第一回と第二回の結果を記載する欄を設けています。一回目のテストで失敗した内容をメモ欄に記載しておくと、設定の修正や二回目のテストで役立ちます。

1.1.5 テスト工程

テスト工程は、大きく分けて3つの作業があります。単体テスト、システムテスト、切り替え準備です。以下は、概略です。

■ **単体テスト、システムテスト、切り替え準備の概略**

区分	概略
単体テスト	設定工程で作成した単体テスト仕様書を基に、実際の機器を使ってテストします。
システムテスト	設定工程で作成したシステムテスト仕様書を基に、複数の機器間を接続してテストします。(通信テストなど)
切り替え準備	切り替え時に使うタイムスケジュール、手順書などを作成します。

タイムスケジュールは、時間単位のスケジュールです。以下は、例です。

■ **タイムスケジュール(切り替えを行う場合の例)**

<table>
<tr><th>時間</th><th>L2 スイッチ</th><th>L3 スイッチ</th><th>VPN 装置</th><th>備考</th></tr>
<tr><td>9:00 ～ 10:00</td><td>設置</td><td></td><td></td><td></td></tr>
<tr><td>10:00 ～ 11:00</td><td></td><td>設置</td><td></td><td></td></tr>
<tr><td>11:00 ～ 12:00</td><td></td><td></td><td>設置</td><td></td></tr>
<tr><td>12:00 ～ 13:00</td><td colspan="3">昼休み</td><td></td></tr>
<tr><td>13:00 ～ 14:00</td><td colspan="3">テスト</td><td></td></tr>
<tr><td>14:00 ～ 15:00</td><td colspan="3">チェックポイント</td><td></td></tr>
<tr><td>15:00 ～ 18:00</td><td colspan="3">切り戻し</td><td></td></tr>
</table>

チェックポイントは、切り戻しするかの判断ポイントです。すでにあるネットワーク機器を入れ替える場合(リプレースと言います)、深夜になっても切り替えが終了せずに次の日からネットワークを使えないと、問題になることがあります。このため、最悪は元に戻す時間を考えておきます。

1.1.6　切り替え工程

切り替えは、作成したタイムスケジュールに従って、機器を本番環境に設置したりケーブルを接続したりして、ネットワークとして利用できるようにすることです。

切り替えと言っても、以下 2 つのパターンがあります。

- 新規にネットワークを構築する。
- 既存ネットワークがあり、古くなった機器を入れ替える (リプレース)。

新規にネットワークを構築する場合、決められた場所にルーターや LAN スイッチを設置し、ケーブルを接続して通信確認などを行います。

リプレースの場合、すでに既存ネットワークを利用している人がいるため、入れ替え時にどのくらいネットワークを停止できるか留意する必要があります。

小規模なネットワークであれば、休日にネットワーク全体を停止させて1日で入れ替えることもできます。また、少しの時間で入れ替えができるのであれば、平日に入れ替えが可能なこともあります。

大規模なネットワークでは、1日や2日で入れ替えができないこともあります。このような時は、1回目は1階の装置を入れ替え、2回目は2階の装置を入れ替えるなど、徐々に入れ替えをしていくこともあります。

まとめ：1.1　ネットワーク構築の工程

- ネットワークを構築するまでの工程には、「要件定義」「設計」「設定」「テスト」「切り替え」がある。

1.2 小規模ネットワークの要件定義

ここからは、小規模ネットワークの例を挙げて、これまで説明してきた要件定義からテストまでの各工程において、実際にどのように構築していくのかを説明します。

まずは、要件定義です。

1.2.1 小規模ネットワークの要件

A社はオフィスが1つあり、社員は40名程度です。その他の環境は、以下のとおりです。

- オフィスは1階と2階があり、1階は事務要員20名、2階はエンジニア20名が在籍しています。
- 事務要員もエンジニアも数名程度を1チームとして、それぞれ4チームあります。チームごとにまとまって机があります。
- 各社員は、1台のパソコンを利用します。
- 全社員が利用するサーバーが2台あります。

■ A社の環境

この環境の元、要件をまとめると以下のようになりました。

- 1階で20台のパソコンをネットワークに接続する。
- 2階で20台のパソコンをネットワークに接続する。
- インターネットが使えるようにする。
- 共通利用サーバーは、1階のサーバールームにLANスイッチを設置して接続する。
- 各チームで、ネットワークに接続できるLANスイッチを確保したい。
- ネットワーク全体で1G bps以上を確保したい。
- エンジニアが使うネットワークと事務要員が使うネットワークを分けたい。
- 共通利用サーバーは、エンジニアでも事務要員でも使えるようにしたい。
- 出張した時に、インターネットからイントラネットが使えるようにしたい。
- 電源が確保できない箇所もあるため、PoE(Power over Ethernet)を使いたい。

1.2.2　小規模ネットワークの仕様策定

　要件からは、1階と2階で合計8チームのパソコンを接続するために、8台のLANスイッチが必要です。これを、アクセススイッチと呼びます。

　また、アクセススイッチを各フロアでまとめるLANスイッチも必要です。これを、フロアスイッチと呼びます。

　1階と2階のフロアスイッチをコアスイッチに接続し、ルーティングによってインターネットと通信したり、共通利用サーバーと通信したりできるようにする必要があります。

　これらを可視化すると、以下になります。

■ 仕様策定の元となるネットワーク概略図

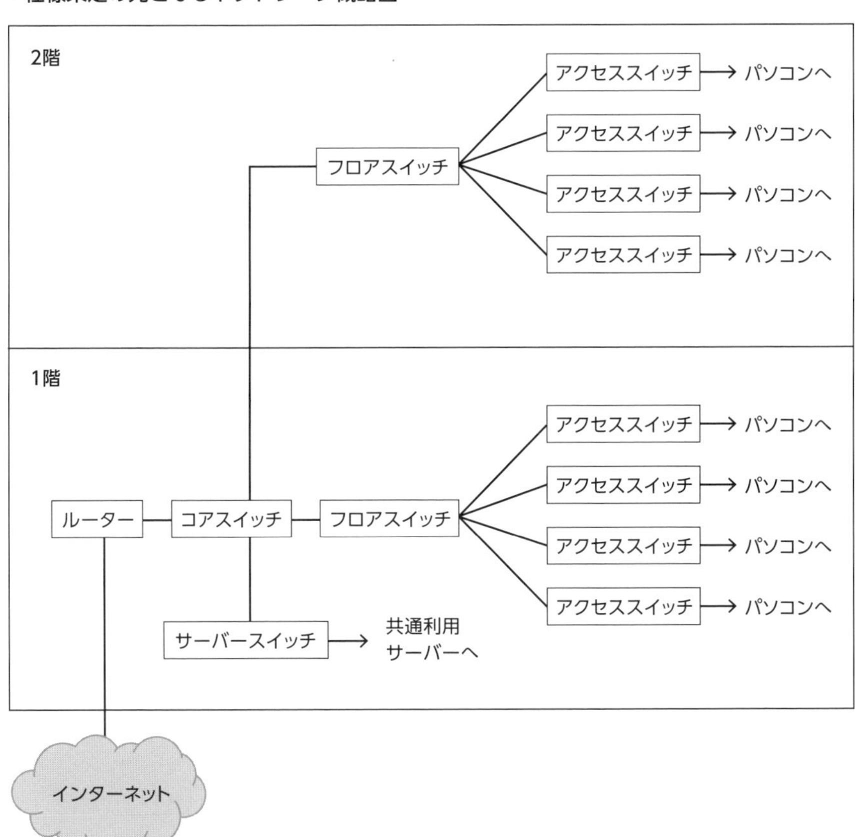

このネットワーク概略図を基に、各機器で必要な仕様をまとめると、以下になります。

ルーター

- インターネットと接続するためにPPPoE(Point-to-Point Protocol over Ethernet)、NAT(Network Address Translation)、フィルタリング機能が必要。
- インターネットからイントラネットへの通信が可能なように、L2TP/IPsec機能が必要。
- すべて1G bps以上の速度が必要。

コアスイッチ

- ポート数は、最低4つ必要(ルーター接続×1、フロアスイッチ接続×2、サーバースイッチ接続×1)。
- すべて1G bps以上の速度が必要。
- 事務要員とエンジニアのネットワークを分離するため、VLAN機能が必要。
- パソコンがインターネットや共通利用サーバーと通信するために、ルーティング機能が必要。

フロアスイッチ×2台

- ポート数は、最低5つ必要(アクセススイッチ接続×4、コアスイッチ接続×1)。
- すべて1G bps以上の速度が必要。
- VLAN機能が必要。

アクセススイッチ×8台

- ポート数は、最低8程度必要(パソコン数台、PoE接続1～2台、フロアスイッチ接続×1)。
- すべて1G bps以上の速度が必要。
- VLAN機能が必要。
- PoE機能が必要。

サーバースイッチ

- ポート数は、最低 3 つ必要 (共通利用サーバー接続 ×2、コアスイッチ接続 ×1)。
- すべて 1G bps 以上の速度が必要。
- VLAN 機能が必要。

何故フロアスイッチが必要なのか、疑問に思う方もいるかもしれないため、補足します。

フロアスイッチがなくて、アクセススイッチをコアスイッチに直接接続するためには、その分のケーブルとコアスイッチのポートが必要になります。

2階から1階にケーブルを敷設するのは大変ですし、費用もかかります。このため、いったんフロアスイッチで収容して、できるだけ少ないケーブルでコアスイッチと接続した方がよいと言えます。

さらに、ツイストペアケーブルで接続するためには、フロアスイッチで中継した方が制限長の 100m を超えにくいというのもあります (ツイストペアケーブルの制限長 100m を超えないように設計が必要です)。

また、アクセススイッチが各フロアで 50 台あるなどの場合、すべてのアクセススイッチをコアスイッチに接続できない可能性があります (値段が高価でかなりポート数の多いコアスイッチでないかぎりポート数が足りなくなります)。この場合、必ずフロアスイッチが必要となります。

まとめ：1.2　小規模ネットワークの要件定義

- 利用者が接続する LAN スイッチはアクセススイッチと呼び、パソコンなどを接続する。
- アクセススイッチを接続するため、各階に設置する LAN スイッチをフロアスイッチと呼ぶ。
- ネットワークの中心に配置する LAN スイッチを、コアスイッチと呼ぶ。

1.3 小規模ネットワークの方式設計

取りまとめた要件定義を基にして、方式設計を行います。また、利用する各技術の説明も同時に行います。

1.3.1 ネットワーク物理構成図

要件定義の結果を基に、まずはネットワーク物理構成図を作成します。

■ 小規模ネットワーク物理構成図

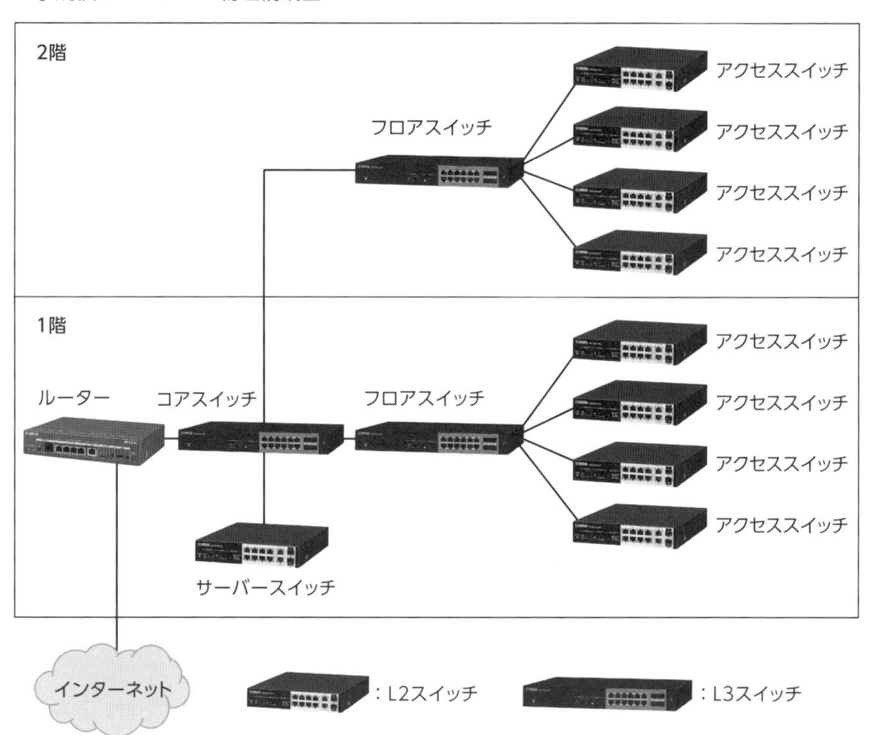

ケーブルは、すべてツイストペアケーブルで1000BASE-Tで利用するため、カテゴリ6Aとします。

ツイストペアケーブルのカテゴリと対応できる規格の関係は、以下のとおりです。

■ **ツイストペアケーブルで使える規格と速度**

規格	速度	カテゴリ
10BASE-T	10M bps	3以上
100BASE-TX	100M bps	5以上
1000BASE-T	1G bps	5e以上
10GBASE-T	10G bps	6A以上

1000BASE-Tで利用するためには、カテゴリ5e以上(カテゴリ6Aなど)のツイストペアケーブルが必要です。

また、ポートはすべてデフォルトのオートネゴシエーション(機器間で自動調整)とします。

1.3.2 機種選定

策定した仕様を基に、機器は以下とします。

■ **機種選定結果**

種類	機種	台数
ルーター	RTX830	1
コアスイッチ	SWX3220-16MT	1
フロアスイッチ	SWX3220-16MT	2
アクセススイッチ	SWX2310P-10G	8
サーバースイッチ	SWX2310P-10G	1

※ 機種選定時は、規模・接続端末数により要求される仕様に即した機種を選定するようにします。

本書籍では前ページの機種から選定していますが、仕様を満たす機種であれば別の機種でも要件を満たすネットワークが構築できます。たとえば、SWX3220-16MTはL3スイッチですが、フロアスイッチはL2スイッチで問題ありません。

各機種が策定した仕様を満たすのかを示すため、各機種の仕様概略を以下に記載します。

RTX830

- インターネット接続に必要なPPPoE、NAT、フィルタリングなど
- インターネット接続用ポート ×1
- イントラネット接続用ポート ×4
- リモートアクセスVPNのL2TP/IPsec

SWX3220-16MT

- L3スイッチ(ルーティング可能)
- 10G/5G/2.5G/1G/100Mポート ×12
- SFP+スロット ×4
- VLAN対応
- スタック可能

SWX2310P-10G

- L2スイッチ(スタティックルーティングのみ可能)
- 1G/100M/10Mポート ×10
- SFPスロット ×2(1G/100M/10Mポートと排他利用)
- VLAN対応
- PoE対応

SWX3220-16MTは10G bpsに対応しているため、今回の例ではコアスイッチとフロアスイッチ間はカテゴリ6Aのツイストペアケーブルで接続すると、10GBASE-Tとなります。

1.3.3 IP アドレス

ネットワークは、以下の6つが必要です。

① ルーターをインターネットと接続するためのネットワーク
② ルーターとコアスイッチを接続するためのネットワーク
③ 事務要員用のネットワーク
④ エンジニア用のネットワーク
⑤ 共通利用サーバー用のネットワーク
⑥ リモートアクセス用ネットワーク

これを、論理構成図で示すと以下のようになります。図中の丸数字は、上記の①から⑥に対応しています。

■ 小規模ネットワーク論理構成図

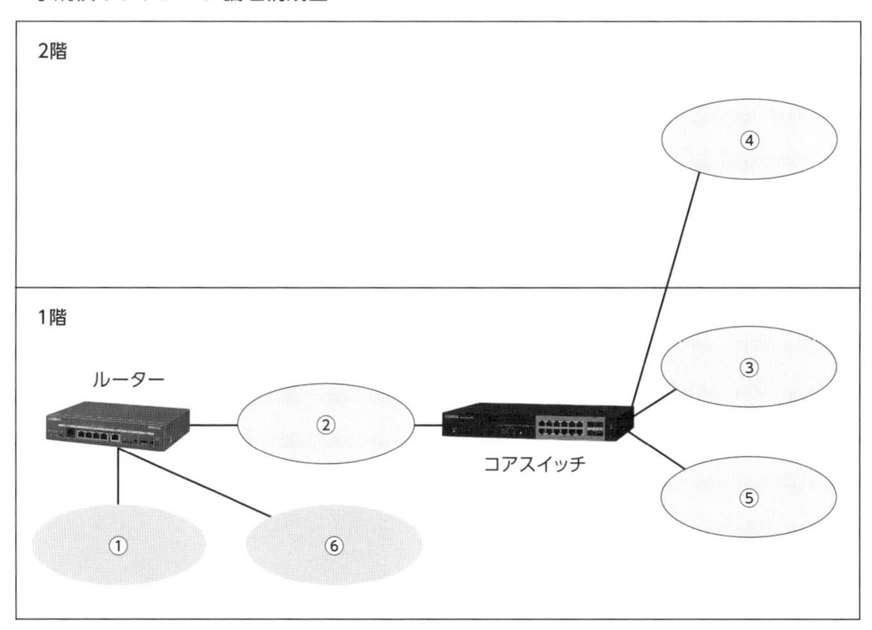

インターネットと接続する部分はグローバルアドレスである必要があります。このため、①はISP(インターネット・サービス・プロバイダー)から自動で割り当てられるグローバルアドレスを使います。

イントラネット内の②から⑤と、リモートアクセス用の⑥はプライベートアドレスを使います。複数サブネットが必要なことから172.16.0.0/16のアドレス範囲を使うこととします。

また、サブネットマスクは255.255.255.0とします。事務要員用とエンジニア用のネットワークでは、それぞれ20台のパソコンを接続するため20台分のアドレスが必要です。このため、30台接続可能な255.255.255.224でも大丈夫ですが、サブネットの数も多くなくて余裕もあるため、わかりやすいサブネットマスクとするのが理由です。

上記を基に、各ネットワークのサブネット範囲を以下とします。

■ サブネット範囲

項	サブネット	サブネットマスク
①	ISPから自動割り当て	ISPから自動割り当て
②	172.16.1.0	255.255.255.0
③	172.16.10.0	255.255.255.0
④	172.16.20.0	255.255.255.0
⑤	172.16.100.0	255.255.255.0
⑥	172.16.200.0	255.255.255.0

1.3.4 DNS

DNS(Domain Name System)は、FQDN(Fully Qualified Domain Name)からIPアドレスに変換するしくみです。DNSを利用して、たとえばWebブラウザーでwww.example.comとURLを指定しても、IPアドレスに変換して通信が行えます。

今回、ルーターはISPから自動で割り当てられたDNSサーバーを使うことにします。これによって、世界中のDNSサーバーに登録されたFQDNをIPアドレスに変換が可能です。

また、パソコンやサーバーは、ルーターをDNSサーバーとして登録します。これによって、パソコンやサーバーからの問い合わせはルーターに行われることになり、ルーターはISPから自動で割り当てられたDNSサーバーに問い合わせを行って回答を得ます。これを、パソコンやサーバーに回答することで、IPアドレスの解決が行えます。

■ DNSの設計内容

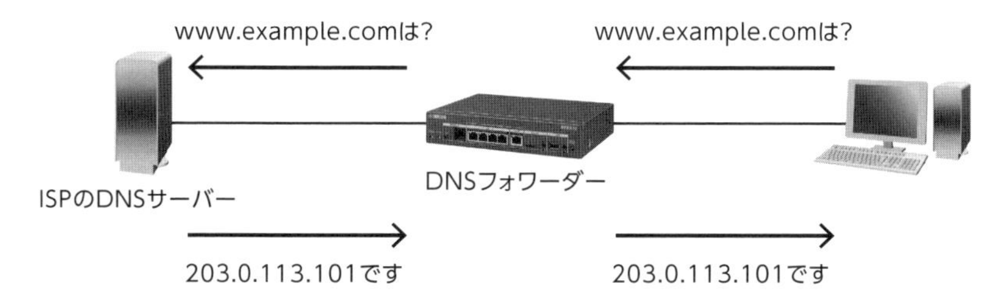

このように、DNS問い合わせを中継する装置をDNSフォワーダー(リカーシブサーバー)と呼びます。今回は、ルーターがDNSフォワーダーを兼任するということです。

1.3.5 NAT

NATは、IPアドレスを変換する技術です。NATには、2種類あります。

静的NAT

静的NATは、指定したIPアドレスを、1対1で変換します。たとえば、インターネット側から開始した通信で宛先が203.0.113.2であれば、172.16.10.2に変換する定義ができます。その定義では、LAN側から開始した通信で送信元が172.16.10.2であれば、203.0.113.2に変換できます。静的NATは、主にインターネットに公開するサーバーで使います。

■ インターネットで公開するサーバーで静的NATを使う例

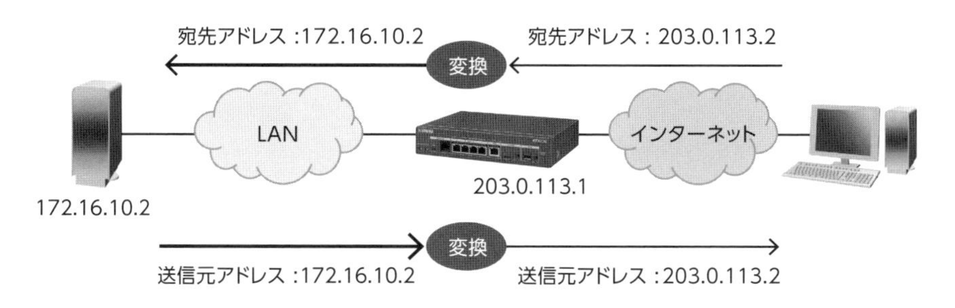

※パソコンから通信を開始しても、サーバーから通信を開始しても、
上記のアドレス変換が行われる。

動的 NAT

動的 NAT は、プライベートアドレスをグローバルアドレスに多対多で変換します。たとえば、LAN 側から開始した通信で、送信元が 172.16.10.2~10 の範囲であれば、203.0.113.2~10 の範囲に変換する定義ができます。動的 NAT は、主にパソコンがインターネットと通信するために使います。その際、ネットワークを利用するパソコンの数だけグローバルアドレスが必要です。

■ 動的NATの例

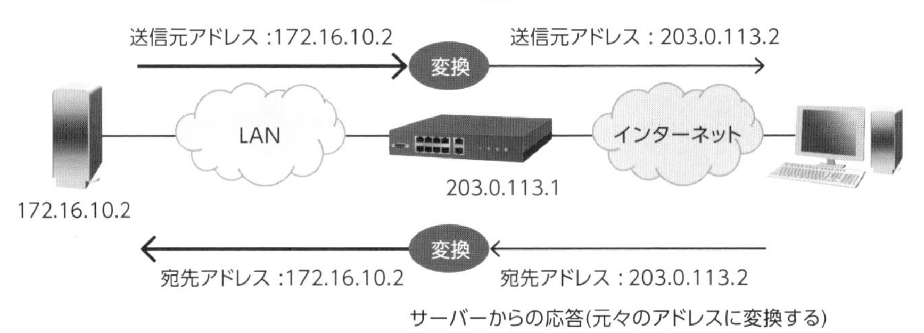

NAT の発展形として、IP マスカレードがあります。IP マスカレードは、IP アドレスだけでなくポート番号まで含めて変換する技術です。IP マスカレードにも、2 種類あります。

静的 IP マスカレード

静的 IP マスカレードは、指定した IP アドレスとポート番号を 1 対 1 で変換します。たとえば、インターネット側から開始した通信で宛先が 203.0.113.2 でポート番号 80 あれば、172.16.10.2 のポート番号 8080 に変換する定義ができます。その定義では、LAN 側からの通信で送信元が 172.16.10.2 のポート番号 8080 であれば、203.0.113.2 の 80 番に変換できます。

静的 IP マスカレードは、主にインターネットに公開するサーバーで指定したポート番号だけ解放したい、ポート番号まで変換したいといった場合に使います。

■ インターネットで公開するサーバーで静的IPマスカレードを使う例

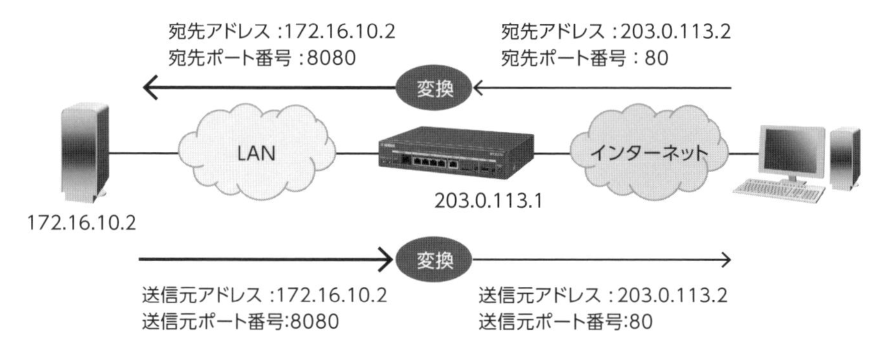

※サーバーから通信を開始する場合、送信元ポート番号が8080ということはないため、上記はパソコンから通信を開始した場合だけ適用される。

動的 IP マスカレード

動的 IP マスカレードは、プライベートアドレスをグローバルアドレスに多対 1 で変換します。その際、ポート番号も変換します。

たとえば、172.16.10.2 の IP アドレスを持つパソコンがインターネットに通信したとします。この場合、次の図のように PPPoE で自動取得した 203.0.113.1 に変換するとともに、ポート番号も変換します。

■ 動的IPマスカレードの動き（送信時）

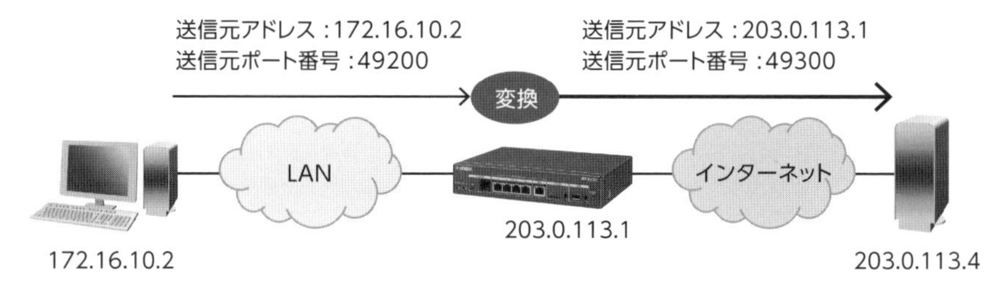

上記では、ポート番号が 49200 から 49300 に変換されていますが、変換後の 49300 は他の通信と重複しないようにルーターが自動で割り当て、どのように変換したのかを記憶します。

応答パケットは、次ページ図のように 203.0.113.1 のポート番号 49300 宛てに返信されます。サーバーから見ると、送信元 203.0.113.1 のポート番号 49300 から通信があったように見えるためです。これは、送信時の記憶からルーターで 172.16.10.2 のポート番号 49200 宛てに変換されます。

■ 動的IPマスカレードの動き(応答時)

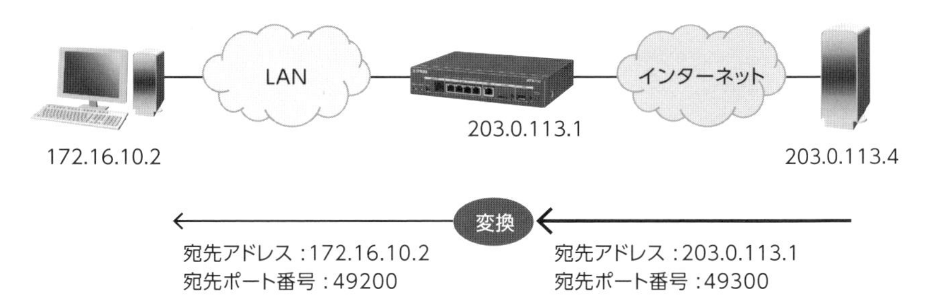

もし、同時に送信元 IP アドレスが172.16.20.2 でポート番号が49200(先ほどの通信とポート番号が重複している)の通信が他にあった場合、203.0.113.1 の49400番などに変換されます。つまり、使えるグローバルアドレスが1つだったとしても、ポート番号が重複しないように割り当てて変換することで、複数のパソコンがインターネットと通信可能になります。

■ 複数パソコンがある時の動的IPマスカレードの動き

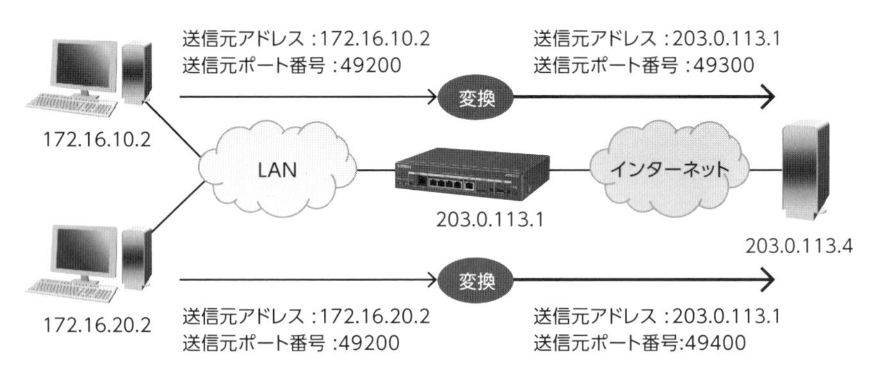

今回のA社の環境では公開サーバーはなく、パソコンがインターネットを利用できる必要があります。このため、動的NATか動的IPマスカレードを利用する必要があります。

また、ISPから自動でIPアドレスが割り当てられる場合、通常はグローバルアドレスが1つしか使えないため動的NATは使えず、動的IPマスカレードを利用することになります。

1.3.6 VLAN

VLANは通常、ネットワークの範囲ごとに分けます。つまり、サブネット単位でVLANを分けるということです。このため、VLANの割り当ては、以下とします。

■ VLANの割り当て

項	VLAN ID	サブネット
①	-	ISPから自動割り当て
②	1	172.16.1.0
③	10	172.16.10.0
④	20	172.16.20.0
⑤	100	172.16.100.0

サブネット172.16.200.0は、リモートアクセス用なのでVLAN割り当ては不要です。

VLAN IDの番号(たとえば10)と、IPアドレスの3オクテット目(172.16.10.0であれば10の部分)を一致させると、覚えやすくなります。

また、VLAN 1はLANマップで使う管理用ネットワークと兼用にします。このため、VLAN 1でルーターから全LANスイッチに接続できる必要があるため、VLAN 1の論理構成は次のようにする必要があります。

■ VLAN 1の論理構成図

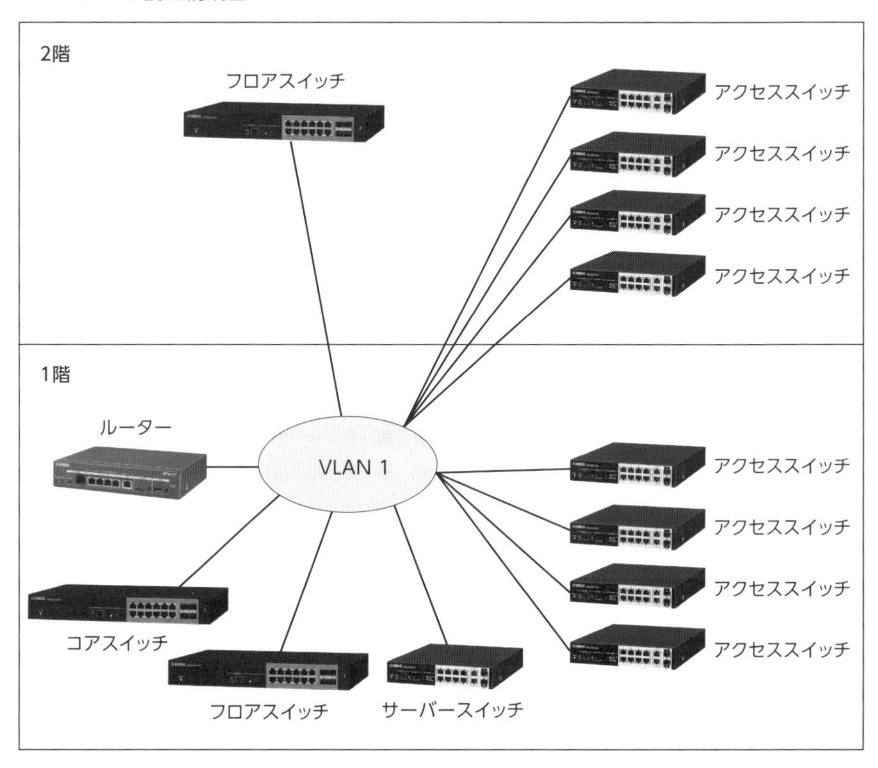

これで、ルーターからルーティングせずにVLAN 1を使って全LANスイッチに接続できます。これは、全LANスイッチでVLAN 1のIPアドレス(172.16.1.0/24の範囲のIPアドレス)を設定することを意味します。

VLAN 1に全LANスイッチから接続するためには、タグVLANの利用が必要です。たとえば、1階のアクセススイッチでは事務要員用のネットワークVLAN 10と、VLAN 1の両方使える必要があるためです。

パソコンやサーバーと接続するポートでは、ポートVLANを使います。パソコンやサーバーと接続するポートでは、利用するVLANは1つのためです。

■ タグVLANとポートVLAN

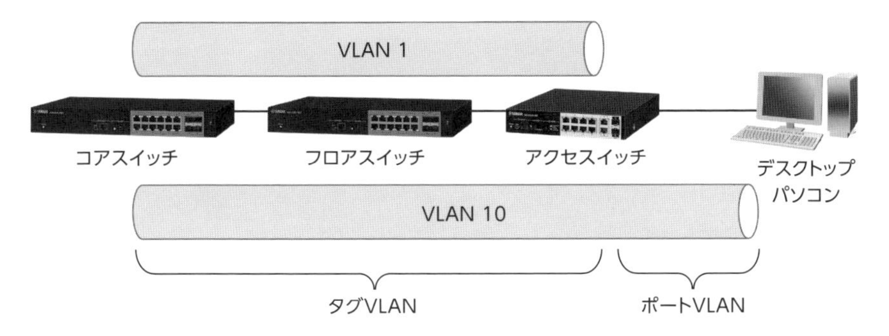

LAN スイッチでポート VLAN を使うポートを、アクセスポートと呼びます。つまり、パソコンを接続するポートはアクセスポートにします。

LAN スイッチでタグ VLAN を使うポートを、トランクポートと呼びます。つまり、LAN スイッチ間を接続するポートは、トランクポートにします。

VLAN 1 は、一般的にデフォルトでタグ無しで送受信できるネイティブ VLAN です。このため、VLAN 10 などその他をタグ付きで送受信することにします。

また、フロアスイッチとアクセススイッチ、サーバースイッチでは、VLAN 1 以外の IP アドレスは設定せず、パソコンなどが通信できるよう通信を L2 で透過します。つまり、VLAN 1 以外に対しては、通信を L2 で透過する土管のような役目になります。

17 ページの「小規模ネットワーク論理構成図」をご参照ください。この図では、フロアスイッチとアクセススイッチが書かれていません。これは、VLAN 10 から 100 ではフロアスイッチもアクセススイッチもルーティングに関係しないことを意味しています (物理的には接続していますが、ルーティングには関係せず土管のように通信を透過します)。

1.3.7 ルーティング

ルーティングは、静的ルーティング (スタティックルーティング) を採用します。作成する静的ルートは、以下 3 種類です。

- ルーターとコアスイッチでインターネットに向けてデフォルトルートを作成します。
- ルーターではイントラネット内のサブネットに対して静的ルートを作成します。

- コアスイッチ以外の LAN スイッチでは、コアスイッチをデフォルトルートにします。これで、他の VLAN(パソコンなど) と通信可能になります。

これを、論理構成図に当てはめると以下になります。

■ 作成する静的ルート

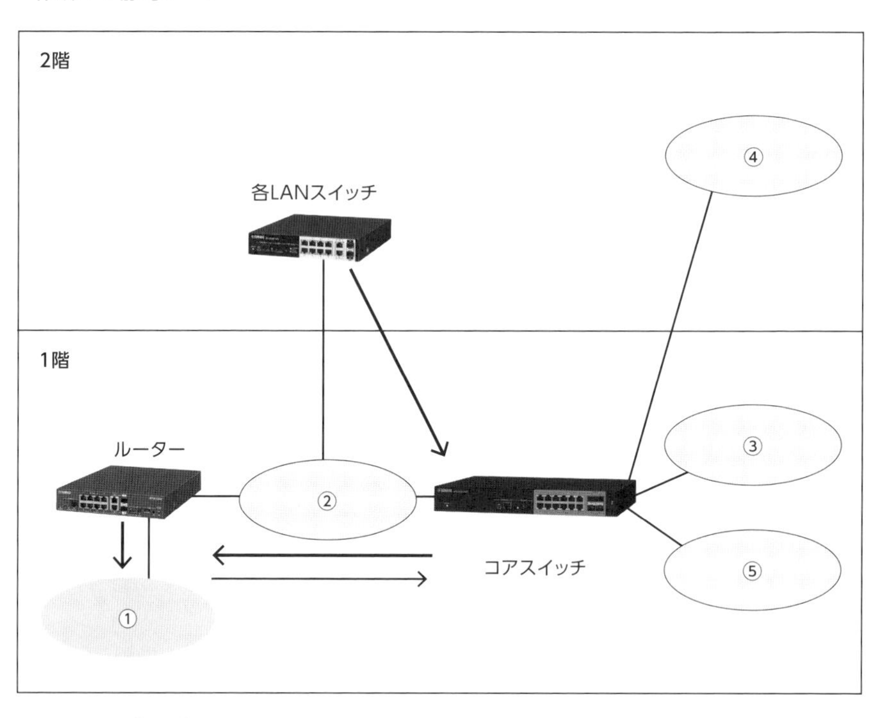

1.3.8　L2TP/IPsec

「出張した時に、インターネットからイントラネットが使えるようにしたい。」という要望があるため、L2TP/IPsecを採用します。

L2TP/IPsecは、リモートアクセス VPNを実現する技術です。リモートアクセス VPNは、インターネットに接続したパソコンなどから会社のネットワークに接続したりする時に使います。

■ リモートアクセスVPN

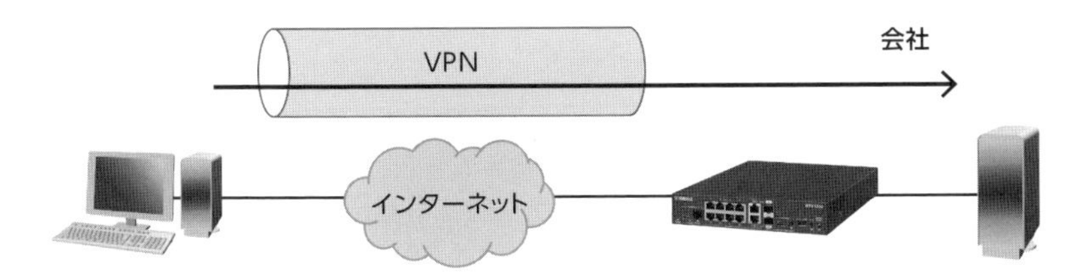

L2TP/IPsecは、L2TP(Layer 2 Tunneling Protocol)と IPsec(IP Security Architecture)を組み合わせた通信です。L2TPは、ユーザー認証のしくみとリモートアクセスできる機能を持っています。ただし、暗号化のしくみがありません。このため、IPsecで暗号化された中でL2TPの通信を行うのがL2TP/IPsecです。

出張先の(インターネットに接続した)パソコンからリモートアクセスVPNで接続する際、ルーターに設定したグローバルアドレスを宛先とします。ただし、このグローバルアドレスはISPから自動で割り当てられるため、変更になる可能性があります。このため、ネットボランチDNSを使います。

ネットボランチDNSは、ヤマハが運用しているDDNS(Dynamic Domain Name System)サービスです。DDNSは、リモートアクセスVPNの接続先としてFQDNを設定しておけば、IPアドレスが変わっても接続できるしくみです。

■ ネットボランチDNSのしくみ

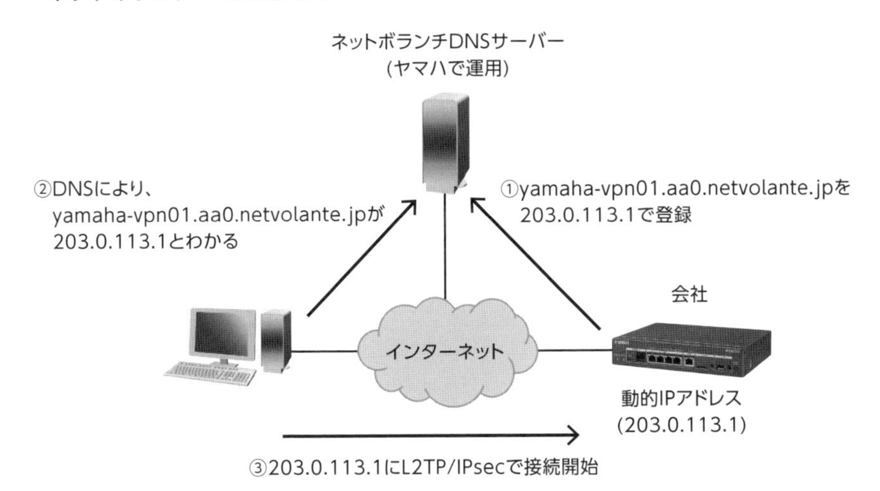

DNSは、DNSサーバーの管理者がFQDNに対応するIPアドレスを手動で設定します。

DDNSは、DNSサーバーに手動で設定しなくても、図の①のようにFQDNに対するIPアドレスが装置側からの申告で自動登録できます。また、IPアドレスが変わった場合も、DDNSサーバーに再度自動で登録できます。

登録されたFQDNは、図の②のようにDNSでFQDNからIPアドレスに変換できて、図の③のようにL2TP/IPsecで接続が可能になります。

このため、パソコンでL2TP/IPsecの設定をする時は、IPアドレスの代わりに接続先のFQDNを設定していれば、L2TP/IPsecで接続が可能になるというわけです。

1.3.9　NTP

NTP(Network Time Protocol)は、時刻同期するためのプロトコルです。

ルーターなどに手動で時刻を設定しても、正確な時刻を継続できないため、少しずつズレてきます。時刻が正確でない場合、ログを確認すると、障害が発生した時間と違う時間でログが表示されたりします。こうなると、障害調査に支障をきたします。

NTPを利用すると、定期的に上位のNTPサーバーと時刻を同期させるため、ほとんど時刻のズレがありません。

NTPは、階層構造になっており、最上位は原子時計などで正確な時間を刻んでいます。

■ NTPのしくみ

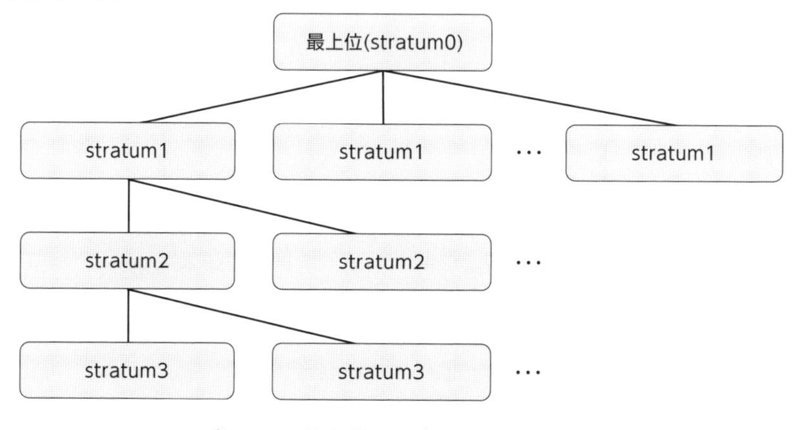

各stratumは、NTPサーバーになります。

下位の機器は、1つ上位のNTPサーバーを指定して時刻同期を行います。

NTPは、協定世界時(UTC)を使っていて、世界中で同じ時間(世界で統一の時間)を示します。日本時間(JST)は、UTCから9時間進んでいるため、NTPで取得した時間から9時間プラスして表示が必要です。このJSTなどを、タイムゾーンと言います。国や地域ごとにタイムゾーンが定められていて、日本では9時間進んだJSTが使われているということです。

日本では、NICT(国立研究開発法人 情報通信研究機構)がstratum1を公開しています。このため、NICTのNTPサーバー(ntp.nict.jp)に時刻同期すれば、stratum2で動作します。

今回は、ルーターをNICTのNTPサーバーに同期させ、LANスイッチはルーターに同期させます。これで、ルーターと全LANスイッチの時刻同期が行えます。また、ルーターとLANスイッチの通信は、VLAN1のネットワークを使って行います。

1.3.10 ループ検出

LANスイッチをループ構成で接続した場合、フレームもループしてブロードキャストストーム(フレームがどんどん増えて飽和する)が発生します。ブロードキャストストームが発生すると、そのLANスイッチに接続された機器だけでなく、場合によってはネットワーク全体でほとんどの通信ができなくなってしまいます。

このループは、独自のフレーム(LDF:Loop Detection Frame)を送信することで検出できます。

■ LDFでループを検出する

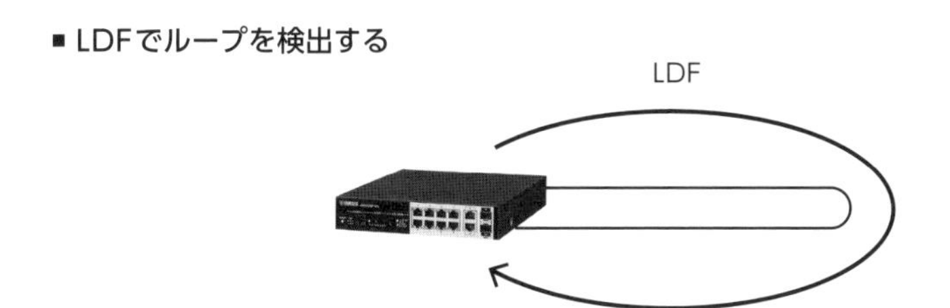

LDFが戻ってきたら、ループしているというわけです。この場合、片方のポートでフレームの中継をやめれば、ループは解消されます。これが、ループ検出機能です。

今回のA社の環境では、各チームにアクセススイッチを割り当てます。このため、間違ってケーブルを挿してループ構成になってもブロードキャストストームにならないよう、全LANスイッチでループ検出機能を有効にします。

1.3.11 PoE

PoEとは、ツイストペアケーブルを使って電力を供給するしくみです。PoEを使わないと、LANスイッチに接続するPoE受電機器が多い場合、電源コンセントが多数必要になります。また、機器の設置場所に電源コンセントがない場合もあります。PoEを利用すると、ツイストペアケーブルを接続するだけで、電力が供給できます。

■ PoEのしくみ

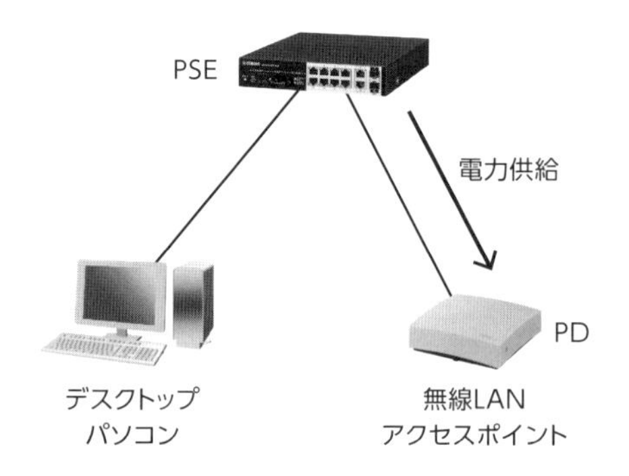

ツイストペアケーブルはフレームの送受信を行いますが、PoEでは電力の供給と同時に行うことが可能です。PoEにより電力を供給する側をPSE（Power Sourcing Equipment）、受電する側をPD（Powered Device）と言います。

PSEは、PDを検知すると自動で電力を供給し始めます。パソコンなど、PDと認識しなかった場合は供給しません。

PSEは、PDが利用する電力を自動で分類します。この分類は、クラスと呼ばれます。

■ クラスと供給電力

クラス	PSE 最大供給電力	PD 最大受電電力
0	15.4W	12.95W
1	4W	3.84W
2	7W	6.49W
3	15.4W	12.95W
4	30W	25.5W
5	45W	40W
6	60W	51W
7	75W	62W
8	90W	73W

たとえば、クラス 1 は PSE から最大 4W が供給され、PD 側で利用できるのは最大 3.84W です。供給に対して利用できる電力が小さいのは、ケーブル上で減衰と呼ばれる電力ロスがあるためです。また、PSE には電源装置があり、最大供給電力が決まっています。このため、供給できる合計電力は、40W などの上限があります。供給している電力の合計が上限を超えた場合は、設定している優先度に従って供給されなくなります。

今回は、「電源が確保できない箇所もあるため、PoE を使いたい。」という要件があるため、すべてのアクセススイッチで PoE を有効にします。

1.3.12 LANマップ

LANマップは、ネットワークの接続状態や機器の稼働状態、障害情報をWeb GUI上でグラフィカルに表示する機能です。LANマップを利用すれば、ネットワークを構築した後の運用中、機器管理や障害監視を簡単に行うことができます。

LANマップでは、1台の機器がマネージャーとなり、他の機器を管理します。管理される側の機器をエージェントと呼びます。

マネージャーは、同一サブネット内にあるエージェントを自動で検出し、複数のエージェントを同時に管理できます。同一サブネットには、マネージャーが1台である必要があります。

今回は、マネージャーをルーターとし、LANスイッチはすべてエージェントにします。

■ LANマップのマネージャーとエージェント

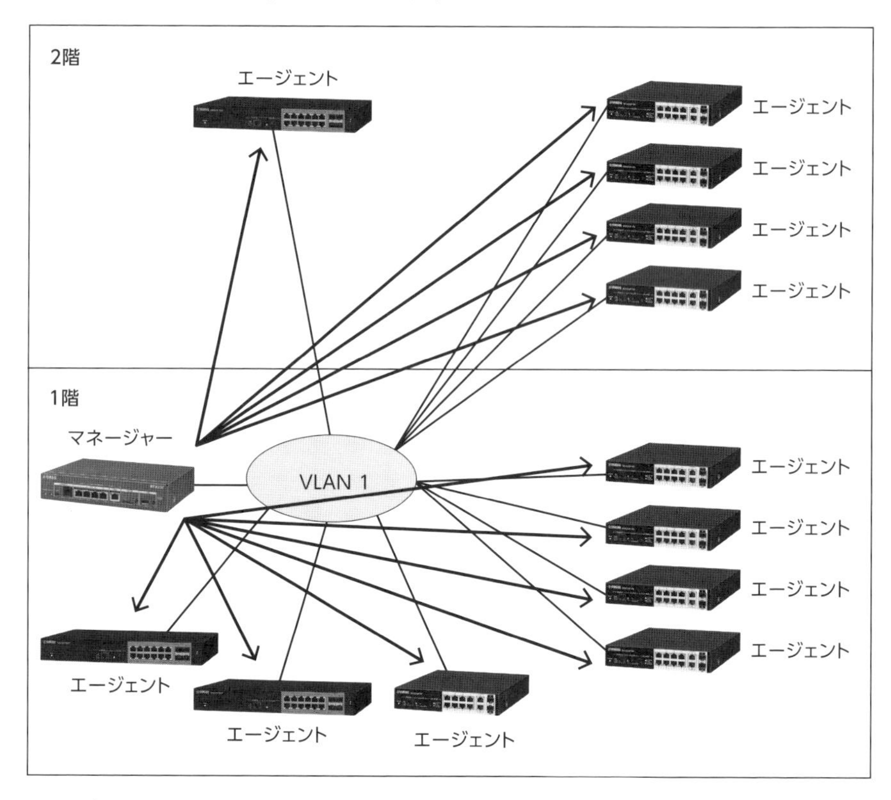

LAN マップでは、マネージャーとエージェント間の通信を L2MS(Layer2 Management Service) で行います。マネージャーは、L2MS によって同一サブネット内にあるエージェントを自動で検出し、複数のエージェントを同時に管理できます。このため、L2MS の通信用に VLAN 1 を使います。

また、スナップショット機能も利用します。スナップショット機能は、ネットワーク全体の接続状態を保存したものです。スナップショットで保存した接続状態から変更があると、異常があったと判断して通知を行います。たとえば、LAN スイッチがネットワークから切断された場合などに、素早く検知して画面上に通知することが可能です。

まとめ：1.3　小規模ネットワークの方式設計

- NAT の種類として、静的 NAT、動的 NAT、静的 IP マスカレード、動的 IP マスカレードがある。
- パソコンがインターネットと通信する時は、一般的に動的 IP マスカレードを使う。
- リモートアクセス VPN を使う時、グローバルアドレスが動的に変わるのであれば DDNS を使う。

1.4 小規模ネットワークの詳細設計

ここでは、方式設計に基づいて実際のパラメーターを決める詳細設計を行います。ただし、パラメーター全体は設定工程時に説明するため、ここではポイントのみ説明します。

1.4.1 装置の設定

ここでは、装置本体の設定内容について取り決めます。

装置のパスワード

装置に設定するパスワードは、TELNETで接続する時と、管理ユーザー(LANスイッチでは特権EXECモード)に移行する時の2つあります。ルーターとLANスイッチ共通で、それぞれ以下とします。

■ 装置のパスワード

項目	設定値
TELNET	pass01
管理ユーザー(特権EXECモード)	enable01

SSH

ルーターもLANスイッチも、SSH(Secure Shell)を有効にします。その時のユーザーIDとパスワードは、次のようにします。

■ SSHで使うユーザーIDとパスワード

項目	設定値
ユーザー ID	user01
パスワード	pass01

ホスト名

LAN スイッチにホスト名を設定しておくと、SSH などで接続した時にプロンプトがホスト名で表示されるため、どの LAN スイッチに接続しているかわかりやすくなります。つまり、間違った LAN スイッチに接続して設定してしまうリスクを軽減できます。

各 LAN スイッチのホスト名は、以下とします。

■ ホスト名

機器	ホスト名
コアスイッチ	Core
1 階フロアスイッチ	Floor1
2 階フロアスイッチ	Floor2
A チームアクセススイッチ	A-access
B チームアクセススイッチ	B-access
C チームアクセススイッチ	C-access
D チームアクセススイッチ	D-access
E チームアクセススイッチ	E-access
F チームアクセススイッチ	F-access
G チームアクセススイッチ	G-access
H チームアクセススイッチ	H-access
サーバースイッチ	S-access

A チームから D チームを事務要員チームのアクセススイッチ、E チームから H チームをエンジニアチームのアクセススイッチとします。

1.4.2 IP アドレス

各機器で設定するVLAN 1に対するIPアドレスは、以下とします。

■ VLAN 1のIPアドレス

機器	VLAN 1
ルーター	172.16.1.1
コアスイッチ	172.16.1.2
1階フロアスイッチ	172.16.1.10
2階フロアスイッチ	172.16.1.11
Aチームアクセススイッチ	172.16.1.20
Bチームアクセススイッチ	172.16.1.21
Cチームアクセススイッチ	172.16.1.22
Dチームアクセススイッチ	172.16.1.23
Eチームアクセススイッチ	172.16.1.30
Fチームアクセススイッチ	172.16.1.31
Gチームアクセススイッチ	172.16.1.32
Hチームアクセススイッチ	172.16.1.33
サーバースイッチ	172.16.1.100

ルーターとコアスイッチで、4オクテット目を1桁にしています。フロアスイッチは10番台、AチームからDチームのアクセススイッチ用として20番台、EチームからHチームのアクセススイッチ用として30番台を使っています。

これで、LANスイッチの使い方やアクセススイッチの設置フロアごとにIPアドレスの4オクテット目で分類できて、わかりやすくなります。また、10番台などに空きを持たすことで、フロアスイッチが増えた場合に172.16.1.12を使うなどして、この分類を損なわずにIPアドレスを割り当てられます。

また、リモートアクセスVPNでパソコンに割り当てるIPアドレスとして、172.16.200.100から172.16.200.131を使います。RTX830では、32台分の割り当が可能です(最大同時接続数は20台です。ライセンスの購入で拡張も可能です)。

コアスイッチに設定するVLAN 10から100のIPアドレスは、次のとおりです。

■ コアスイッチに設定するVLAN 10から100のIPアドレス

VLAN 10	VLAN 20	VLAN 100
172.16.10.1	172.16.20.1	172.16.100.1

パソコンやサーバーでは、このIPアドレスをデフォルトゲートウェイに設定します。

1.4.3 VLAN

VLANは、各機器のポートで以下のように割り当てます。

VLANを1つだけ割り当てるポートはアクセスポート、2つ割り当てるポートはトランクポートにします。また、どのポートに何を接続するのかも、この表で示すことにします。

■ コアスイッチ

ポート番号	VLAN ID	接続先
1.1	1	ルーター
1.2	1,10	1階フロアスイッチ
1.3	1,20	2階フロアスイッチ
1.4	-	-
1.5	-	-
1.6	-	-
1.7	1,100	サーバースイッチ
1.8	-	-
1.9	-	-
1.10	-	-
1.11	-	-
1.12	-	-

■ 1階フロアスイッチ

ポート番号	VLAN ID	接続先
1.1	1,10	A チームアクセススイッチ
1.2	1,10	B チームアクセススイッチ
1.3	1,10	C チームアクセススイッチ
1.4	1,10	D チームアクセススイッチ
1.5	-	-
1.6	-	-
1.7	-	-
1.8	-	-
1.9	-	-
1.10	-	-
1.11	-	-
1.12	1,10	コアスイッチ

■ 2階フロアスイッチ

ポート番号	VLAN ID	接続先
1.1	1,20	E チームアクセススイッチ
1.2	1,20	F チームアクセススイッチ
1.3	1,20	G チームアクセススイッチ
1.4	1,20	H チームアクセススイッチ
1.5	-	-
1.6	-	-
1.7	-	-
1.8	-	-
1.9	-	-
1.10	-	-
1.11	-	-
1.12	1,20	コアスイッチ

■ AからDチームアクセススイッチ

ポート番号	VLAN ID	接続先
1.1	10	パソコンなど
1.2	10	パソコンなど
1.3	10	パソコンなど
1.4	10	パソコンなど
1.5	10	パソコンなど
1.6	10	パソコンなど
1.7	10	パソコンなど
1.8	10	パソコンなど
1.9	10	パソコンなど
1.10	1,10	1 階フロアスイッチ

■ EからHチームアクセススイッチ

ポート番号	VLAN ID	接続先
1.1	20	パソコンなど
1.2	20	パソコンなど
1.3	20	パソコンなど
1.4	20	パソコンなど
1.5	20	パソコンなど
1.6	20	パソコンなど
1.7	20	パソコンなど
1.8	20	パソコンなど
1.9	20	パソコンなど
1.10	1,20	2 階フロアスイッチ

■ サーバースイッチ

ポート番号	VLAN ID	接続先
1.1	100	共通利用サーバー
1.2	100	共通利用サーバー
1.3	-	-
1.4	-	-
1.5	-	-
1.6	-	-
1.7	-	-
1.8	-	-
1.9	-	-
1.10	1,100	コアスイッチ

コアスイッチで4～6番のポートを空きにしているのは、フロアスイッチが増えた時のためです。1階と2階のフロアスイッチで5～11番のポートを空きにしているのも、アクセススイッチが増えた時のためです。

1.4.4 PPPoE

ルーターのグローバルアドレスは、ISPから自動で割り当てられるものを利用します。その時、PPPoEによる認証が必要です。このため、ISPから指定されたユーザーIDとパスワードを使います。今回は、以下とします。

■ ISPから指定されたユーザーIDとパスワード

項目	指定された値
ユーザーID	user01@example.com
パスワード	pass01

1.4.5 NAT

ヤマハルーターではNATを有効にする時、NATディスクリプターを作成し、それをポートに適用することで有効にします。NATディスクリプターには動作タイプがあり、動作タイプによって使える機能が次のように決まっています。

■ NATディスクリプターで指定する動作タイプと使える機能

動作タイプ	静的NAT	動的NAT	静的IP マスカレード	動的IP マスカレード
none	×	×	×	×
nat	○	○	×	×
masquerade	○	×	○	○
nat-masquerade	○	○	○	○

NATディスクリプターは、番号で判別されます。つまり、作成時に番号を指定して、その番号をポートに適用します。NATディスクリプターは複数作成可能で、複数の動作タイプを作成できます。

今回は、1000番を使うこととし、動作タイプは動的IPマスカレードが使える`masquerade`とします。

1.4.6 L2TP/IPsec

L2TP/IPsecでは、IPsecの認証と暗号化を使ってセキュリティを確保します。

IPsecで使える認証と暗号のアルゴリズムには、以下があります。

■ IPsecで使える認証と暗号のアルゴリズム

区分	方式	アルゴリズム
認証	ハッシュ	MD5、SHA-1、SHA-256
暗号	共通鍵暗号方式	DES、3DES、AES(128bit、256 bit)

また、ルーターと接続側 (パソコンなど) で事前共有鍵 (パスワードのようなもの) が一致していないと、認証が失敗します。

今回は、事前共有鍵やアルゴリズムで以下を利用します。

■ IPsecの認証と暗号化で使う設定の情報

項目	設定値
事前共有鍵	pass01
認証アルゴリズム	sha-hmac (SHA-1)
暗号アルゴリズム	aes-cbc (AES 128bit)

また、接続する人ごとにユーザー ID とパスワードで認証を行います。このため、インターネットからリモートアクセス VPN で接続する人の数だけユーザー ID が必要です。

今回は例なので、以下の１ユーザーだけ作成することにします。

■ L2TP/IPsecのユーザー

項目	設定値
ユーザー ID	vpn-user
パスワード	pass00

1.4.7 NTP

NTPは、ルーターとLANスイッチで以下のようにします。

ルーター

ntp.nict.jpに同期して、タイムゾーンをJSTにします。また、LANスイッチから同期できるよう、SNTP(Simple Network Time Protocol)サーバーとしても動作させます。SNTPとは、NTPの簡易版です。SNTPサーバーに同期することで、NTPほど正確ではないとは言え、時刻のズレを修正できます。

LANスイッチ

ルーターのSNTPサーバー機能(IPアドレス172.16.1.1)に同期して、タイムゾーンをJSTにします。

まとめ：1.4　小規模ネットワークの詳細設計

- IPアドレスの割り当てやポートへの接続は、後々の拡張性も考慮して設計する。
- ヤマハルーターでは、NATディスクリプターを作成してNATを有効にする。NATディスクリプターの動作タイプには、none、nat、masquerade、nat-masqueradeがあり、動作タイプによって使える機能が変わる。
- L2TP/IPsecでは、事前共有鍵と認証アルゴリズム、暗号アリゴリズムを設定する必要がある。また、ユーザーごとにユーザーIDとパスワードを作成する。

1.5 小規模ネットワークの設定工程

ここでは、これまで行った設計に基づいてルーターや LAN スイッチに設定を行います。

なお、設定工程時にテスト仕様書も作成するのですが、テスト工程時に説明することとします。

1.5.1 ルーターの初期設定

次からは、ヤマハルーターの初期設定を手順形式で説明します。

1．TELNET での接続

ヤマハルーターは、デフォルトで TELNET による接続が可能になっています。

デフォルトの IP アドレスが 192.168.100.1 で、サブネットマスクが 255.255.255.0 になっています。このため、パソコンの IP アドレスを 192.168.100.100、サブネットマスクを 255.255.255.0 などに設定してから接続します。

接続後は、以下のようにパスワードを聞かれます。初期状態ではパスワードが設定されていないため、そのまま Enter キーを押すと、ログインできます。ログイン後のプロンプトは、次で最後の行のように「>」と表示されます。

```
Password:                    ←そのまま [Enter] キー

RTX830 Rev.15.02.29 (Mon Mar 13 13:54:41 2023)
Copyright (c) 1994-2023 Yamaha Corporation. All Rights Reserved.
To display the software copyright statement, use 'show copyright'
command.
ac:44:f2:64:df:b4, ac:44:f2:64:df:b5
Memory 256Mbytes, 2LAN

The login password is factory default setting. Please request an
```

```
administrator to change the password by the 'login password' command.
>                               ←ここでコマンドを実行する
```

ログイン後は、administratorコマンドを実行すると管理ユーザーになって、設定や情報の表示が行えます。プロンプトも「>」から「#」に変わります。管理ユーザーに移行するときは、パスワードを聞かれます。初期状態では、そのままEnterキーを押します。

2. SSHでの接続

SSHで接続するためには、いったんTELNETで接続して管理ユーザーになった後、以下のコマンドを設定する必要があります。

```
# login user user01 pass01            ①
Password Strength : Weak
# sshd host key generate              ②
Generating public/private dsa key pair ...
¦*******
Generating public/private rsa key pair ...
¦*******
# sshd service on                     ③
```

① login user user01 pass01

設計どおりユーザー名user01を作成して、パスワードをpass01に設定しています。

② sshd host key generate

暗号化のための鍵を作成しています。

③ sshd service on

SSHで接続できるように、サービスを有効にしています。

以上の設定で、SSHを使ってログインできるようになります。その際、ユーザー名とパスワードを聞かれますが、上記で設定したものを使います。

3. パスワードの変更

TELNETで接続したときのパスワード(ログインパスワード)は、login passwordコマンドで変更できます。

```
# login password          ①
Old_Password:
New_Password:
New_Password:
```

① login passwordと入力すると、Old_Passwordで今のパスワードを聞かれます。初期状態の場合は、そのままEnterキーを押します。New_Passwordで新しいパスワードを聞かれるため、pass01と入力します。もう1度、New_Passwordを聞かれるため、同じ値を入力します。

管理パスワード(administratorコマンドで管理ユーザーへ移行するときのパスワード)は、administrator passwordコマンドで変更できます。

```
# administrator password
Old_Password:
New_Password:
New_Password:
```

今のパスワードと、新しいパスワードを入力するのは、ログインパスワード設定のときと同じです。今回、新しいパスワードはenable01に決めたため、enable01を2回入力します。

4. ルーターへのアクセス許可設定

ルーターへのTELNETとHTTP(Webブラウザー)での接続は、デフォルトでは直結されたLAN側のサブネットからのみ許可されています。このため、ネットワーク全体からアクセスできるようにします。

```
# telnetd host 172.16.0.0-172.16.255.255
# httpd host 172.16.0.0-172.16.255.255
```

これで、172.16.0.0から172.16.255.255までのIPアドレスで接続を受け付けます。SSHは、デフォルトですべてのネットワークからの接続を受け付けるため、特に設定は不要です(制限したい時は、sshd host IPアドレスで行えます)。

1.5.2　ルーターの IP アドレス設定

ルーターの LAN 側 IP アドレスは、ip [インターフェース名] address コマンドで設定できます。

```
# ip lan1 address 172.16.1.1/24
```

これで、lan1(LAN 側のポート) の IP アドレスが、172.16.1.1/24 に設定されます。

IP アドレスが変更されると、パソコンとの接続も切れます。このため、パソコンの IP アドレスを 172.16.1.200、サブネットマスクを 255.255.255.0 などに変更して再接続が必要です。以降、LAN スイッチの設定でも、装置に接続するための IP アドレスを変更した場合、パソコンの IP アドレスを変更して再接続が必要です。

1.5.3　ルーターの PPPoE 設定

ルーターで PPPoE の設定をする上で理解しておく点は、PPPoE を利用するための pp インターフェース (以下では pp 1) を設定し、それを利用するポート (以下では lan2) に関連付けるという点です。

■ PPPoE設定時のイメージ

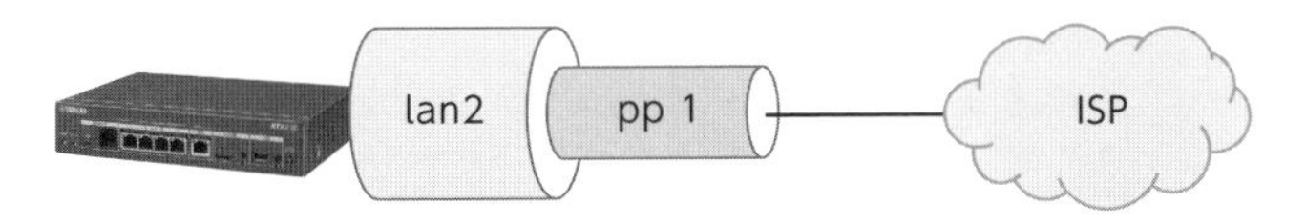

論理インターフェースの pp 1 で PPPoE 通信が可能になって、それを送受信する物理的な (実際にケーブルを接続する) ポートは lan2 というわけです。

実際の設定は、次のとおりです。

```
# pp select 1                                      ①
pp1# pp always-on on                               ②
pp1# pppoe use lan2                                ③
pp1# pppoe auto disconnect off                     ④
pp1# pp auth accept pap chap                       ⑤
pp1# pp auth myname user01@example.com pass01      ⑥
pp1# ppp lcp mru on 1454                           ⑦
pp1# ppp ipcp ipaddress on                         ⑧
pp1# ppp ipcp msext on                             ⑨
pp1# ppp ccp type none                             ⑩
pp1# pp enable 1                                   ⑪
pp1# pp select none                                ⑫
# ip route default gateway pp 1                    ⑬
# dns host 172.16.0.0-172.16.255.255               ⑭
# dns server pp 1                                  ⑮
```

① pp select 1

PPPoE 接続で使用する pp インターフェースを選択します。プロンプトが、#から pp1#に変わります。数字は1から始まる整数で指定します。

② pp always-on on

PPPoE 常時接続を有効にします。

③ pppoe use lan2

PPPoE 接続を行う際のポートとして、lan2 (これが装置に WAN と書かれたポートに該当します) を指定しています。

④ pppoe auto disconnect off

自動切断を無効にします。これで、通信していないときに切断されなくなります。自動切断は、回線が従量課金 (利用時間に応じて支払う金額が増える契約) などの場合に onにします。フレッツ光などは一般的に月額固定金額なので、offにします。

⑤ pp auth accept pap chap

PPPoE 接続時の認証方法を、PAP(Password Authentication Protocol) と CHAP(Challenge Handshake Authentication Protocol) に設定しています。PAP はパスワードを平文で送信し、CHAP はハッシュしてから送信します。ISP で認証されるとき、利用可能な方を使います。

⑥ pp auth myname user01@example.com pass01

認証に使用する、ユーザー ID とパスワードを設計どおりに設定しています。

⑦ **ppp lcp mru on 1454**

MRU(Maximum Receive Unit) を設定しています。MTU(Maximum Transmission Unit) は、PPPoE 接続時に相手から送信される MRU の値から自動設定されます。MRU は受信可能なパケット長の最大値で、MTU は送信可能なパケット長の最大値です。

⑧ **ppp ipcp ipaddress on**

PPPoE 接続時に、相手から送信される IP アドレスを自動設定するようにしています。つまり、ISP からグローバルアドレスが自動で割り当てられます。

⑨ **ppp ipcp msext on**

これをオンにすると、PPPoE 接続時に相手から送信される DNS サーバーの IP アドレスなどを受け取ります。

⑩ **ppp ccp type none**

PPPoE 接続で、圧縮を使用しないという指定です。

⑪ **pp enable 1**

ここまで設定してきた値を適用して、pp 1 インターフェースを有効にします。

⑫ **pp select none**

pp インターフェースの選択を終わります。

⑬ **ip route default gateway pp 1**

デフォルトゲートウェイとして、pp 1 インターフェース (つまり、ISP 側) を設定しています。このように、PPPoE 接続の場合は静的ルーティングのゲートウェイを、インターフェースで指定できます。

⑭ **dns host 172.16.0.0-172.16.255.255**

LAN 側 (172.16.0.0 から 172.16.255.255 の間の IP アドレス) からだけ DNS の問い合わせを受け付ける設定です。インターネットから不特定多数の DNS 問い合わせを受け付ける状態をオープンリゾルバーと呼び、他者を攻撃する踏み台にされることがあります。この設定は、オープンリゾルバーにならないようにするため、LAN 側からだけ DNS 問い合わせを受け付けるようにしています。

⑮ **dns server pp 1**

DNS サーバーの IP アドレスを、PPPoE によって自動で割り当てられたものとします。つまり、ISP 側から割り当てられた DNS サーバーを使います。

なお、実際にはイントラネットからの通信を許可し、インターネットからの通信を遮断するようなフィルター設定が必須です。フィルター設定の説明は、3 章の 3.13 節「ヤマハルーターのセキュリティ機能設定」で行います。

1.5.4　ルーターの動的IPマスカレード設定

動的IPマスカレードの設定は、以下のとおりです。

```
# nat descriptor type 1000 masquerade       ①
# pp select 1                               ②
pp1# ip pp nat descriptor 1000              ③
```

① nat descriptor type 1000 masquerade

NATディスクリプターの番号を1000にし、動作タイプにmasqueradeを指定することで動的IPマスカレードを有効にしています。

② pp select 1

pp1インターフェースを選択しています。

③ ip pp nat descriptor 1000

pp1インターフェースに、NATディスクリプターの1000番を適用しています。

ヤマハルーターでは、LAN側から受信したパケットはすべて、インターネットへ送り出す時に送信元のIPアドレスがPPPoEで取得したグローバルアドレスに変換されるのがデフォルトです。

このため、それを有効にするNATディスクリプターの番号をmasqueradeで指定して設定し、pp1インターフェースに適用するだけで動作するようになります。

1.5.5 L2TP/IPsecの設定

L2TP/IPsecの設定は、以下のとおりです。

```
# ip lan1 proxyarp on                                          ①
# pp select anonymous                                          ②
anonymous# pp bind tunnel1                                     ③
anonymous# pp auth request mschap-v2                           ④
anonymous# pp auth username vpn-user pass00                    ⑤
anonymous# ppp ipcp ipaddress on                               ⑥
anonymous# ppp ipcp msext on                                   ⑦
anonymous# ppp ccp type none                                   ⑧
anonymous# ip pp remote address pool 172.16.200.100-172.16.200.131
                                                               ⑨
anonymous# ip pp mtu 1258                                      ⑩
anonymous# pp enable anonymous                                 ⑪
anonymous# pp select none
# tunnel select 1                                              ⑫
tunnel1# tunnel encapsulation l2tp                             ⑬
tunnel1# ipsec tunnel 101                                      ⑭
tunnel1# ipsec sa policy 101 1 esp aes-cbc sha-hmac            ⑮
tunnel1# ipsec ike keepalive use 1 off                         ⑯
tunnel1# ipsec ike nat-traversal 1 on                          ⑰
tunnel1# ipsec ike pre-shared-key 1 text pass01                ⑱
tunnel1# ipsec ike remote address 1 any                        ⑲
tunnel1# l2tp tunnel disconnect time off                       ⑳
tunnel1# ip tunnel tcp mss limit auto                          ㉑
tunnel1# tunnel enable 1                                       ㉒
tunnel1# tunnel select none                                    ㉓
# ipsec auto refresh on                                        ㉔
# ipsec transport 1 101 udp 1701                               ㉕
# l2tp service on                                              ㉖
```

① ip lan1 proxyarp on

LAN側の機器から、リモートアクセスしてきた機器のMACアドレスをARP解決しようとしても、実際にはルーターの外にいるためできません。本コマンドでProxyARPを有効にすると、ルーターが代理応答して自身のMACアドレスを教えるため、ルーターを介した通信が可能になります。

② pp select anonymous

L2TP/IPsecは、ppインターフェースで接続を受け付けます。pp select 2などとすると、特定のIPアドレスだけ接続できます。不特定のIPアドレス(複数のパソコン)から受け付ける場合は、anonymousを選択します。これで、コマンドプロンプトが変わります。

③ **pp bind tunnel1**

使用するtunnelインターフェースとpp anonymousインターフェースの関連付けを行います。L2TP/IPsecではIPsecで使うtunnelインターフェースとppインターフェースを併用しますが、このコマンドは、両者の関連付けを行うために必要です。

④ **pp auth request mschap-v2**

L2TP/IPsecが、認証に使用するプロトコルを指定するための記述です。もっとも安全性が高いMSCHAPv2を指定しています。

⑤ **pp auth username vpn-user pass00**

ユーザー認証に使用するユーザーIDとパスワードを作成するためのものです。複数作成できます。

⑥ **ppp ipcp ipaddress on**

IPCP(Internet Protocol Control Protocol)を使用して、接続元のIPアドレスを送信するための指定です。

⑦ **ppp ipcp msext on**

IPCPのMicrosoft拡張オプションを使用するための指定です。これにより、接続元に対してDNSサーバーなどのIPアドレス情報を渡せるようになります。

⑧ **ppp ccp type none**

圧縮などをしないことを指定しています。

⑨ **ip pp remote address pool 172.16.200.100-172.16.200.131**

接続元が使用するIPアドレスを、設計どおり172.16.200.100から172.16.200.131の範囲で割り当てています。

⑩ **ip pp mtu 1258**

tunnelインターフェースを通過するTCPセッションに対して、MTUを制限するものです。L2TPでカプセル化されるため、通常よりMTUが小さくなります。

⑪ **pp enable anonymous**

ここまで設定してきた値を適用して、ppインターフェースを有効化します。。

⑫ **tunnel select 1**

IPsecで使用するインターフェース(tunnelインターフェース)の番号を選択します。これで、コマンドプロンプトが変わります。

⑬ **tunnel encapsulation l2tp**
L2TPでtunnelインターフェースを使う設定です。L2TPがトンネルを構築するためです。デフォルトは、ipsecです。

⑭ **ipsec tunnel 101**
選択したtunnelインターフェースで使用する、IPsec設定の番号を決めます。

⑮ **ipsec sa policy 101 1 esp aes-cbc sha-hmac**
tunnelインターフェースの番号とIPsecの番号に対してIPsecプロトコル、暗号アルゴリズム、認証アルゴリズムの種類を指定します。IPsecプロトコルにはesp(暗号化+認証)とah(認証のみ)を指定できますが、インターネットVPNでは暗号化が必須なので、espを指定します。暗号アルゴリズムと認証アルゴリズムは、設計どおりの設定です。

⑯ **ipsec ike keepalive use 1 off**
IPsec接続を維持できているかどうかの監視をしない設定です。L2TP/IPsecは、常時接続ではないためです。

⑰ **ipsec ike nat-traversal 1 on**
必要に応じて、自動でNATトラバーサルが有効になります。NATトラバーサルは、ESP(Encapsulating Security Protocol)が使えない環境からリモートアクセスする時、UDP(User Datagram Protocol)のペイロードに入れて送信する(UDPで通信する)ことで接続を可能にします。

⑱ **ipsec ike pre-shared-key 1 text pass01**
事前共有鍵として、pass01を設定しています。

⑲ **ipsec ike remote address 1 any**
リモートアクセスを受け付けるIPアドレスを設定しますが、どこからでも接続できるようanyを設定しています。

⑳ **l2tp tunnel disconnect time off**
無通信時に自動切断されないよう、offにしています。

㉑ **ip tunnel tcp mss limit auto**
tunnelインターフェースを通過するTCPに対して、MSS(Maximum Segment Size)を制限するものです。不必要にフラグメント化(パケットが分割)されない目的で設定します。autoを指定しているため、適切な値を自動設定します。

㉒ **tunnel enable 1**
ここまで設定してきた値を適用して、tunnel1インターフェースを有効にします。

㉓ **tunnel select none**
tunnelインターフェースの選択を終わります。

㉔ ipsec auto refresh on

IPsecの暗号化で使う共通鍵を定期的に変更します。

㉕ ipsec transport 1 101 udp 1701

tunnel インターフェースの番号と IPsecの番号に対して、UDPの宛先 1701番(L2TP)であれば、トランスポートモード (L2TP/IPsecで使う IPsecのモード) で動作することを設定しています。

㉖ l2tp service on

L2TPを有効にします。

なお、PPPoE 時に設定した動的 IP マスカレードに加えて、以下の NAT ディスクリプターも設定する必要があります。

```
# nat descriptor masquerade static 1000 1 172.16.1.1 udp 500
# nat descriptor masquerade static 1000 2 172.16.1.1 esp
# nat descriptor masquerade static 1000 3 172.16.1.1 udp 4500
# nat descriptor masquerade static 1000 4 172.16.1.1 udp 1701
```

IKE(Internet Key Exchange ：UDP 500番)、ESP、NAT トラバーサル (UDP 4500番)、L2TP(UDP 1701番) といった L2TP/IPsecで使う通信を静的 IP マスカレードで設定しています。パソコンからルーターのグローバルアドレス宛ての通信は、UDPのポート番号 500 であれば172.16.1.1 の UDP ポート番号 500番に、ESPであれば172.16.1.1 の ESPにといったように変換されます。

また、フィルター設定の追加も必要です。追加設定の説明は、3章の3.13節「ヤマハルーターのセキュリティ機能設定」で行います。

1.5.6 ネットボランチDNSの設定

ネットボランチ DNSの設定は、以下のとおりです。

```
# pp select 1
pp1# netvolante-dns hostname host pp yamaha-vpn01        ①
pp1# netvolante-dns go pp 1                               ②
(Netvolante DNS server 1)
[yamaha-vpn01.aa0.netvolante.jp] を登録しました
新しい設定を保存しますか？ (Y/N)Y
セーブ中... CONFIG0 終了
pp1# netvolante-dns use pp auto                           ③
```

上記で、ネットボランチ DNSにはyamaha-vpn01.aa0.netvolante.jpという FQDNで、IPアドレスはISPから自動で割り当てられたもので登録されます。aa0.netvolante.jp部分は、自動で設定されます。

登録されたFQDNは設定で使うため、メモしておきます。もし忘れた場合は、show status netvolante-dns pp 1コマンドで確認できます。

各コマンドの説明は、以下のとおりです。

① netvolante-dns hostname host pp yamaha-vpn01

ネットボランチ DNSで使うルーターのホスト名をyamaha-vpn01に設定しています。

② netvolante-dns go pp 1

ネットボランチ DNSに登録を実行しています。実行は、インターネットに接続した後に行ってください。

③ netvolante-dns use pp auto

ルーターの再起動などによりIPアドレスが変わった時、自動で再登録するように設定しています。

上記によって、インターネットからリモートアクセスする際、接続先をyamaha-vpn01.aa0.netvolante.jpにすることでL2TP/IPsecでの接続が可能になります。

1.5.7 ルーターの静的ルーティング設定

静的ルーティングの設定は、以下のとおりです。

```
# ip route 172.16.10.0/24 gateway 172.16.1.2
# ip route 172.16.20.0/24 gateway 172.16.1.2
# ip route 172.16.100.0/24 gateway 172.16.1.2
```

コアスイッチでルーティングする3つの経路に対して、コアスイッチのIPアドレスをゲートウェイとして設定しています。

1.5.8 ルーターのNTP設定

NTPの設定は、以下のとおりです。

```
# timezone jst                                          ①
# ntpdate ntp.nict.jp                                   ②
# schedule at 1 */* 00:00:00 * ntpdate ntp.nict.jp      ③
# sntpd service on                                      ④
```

① timezone jst

タイムゾーンをJSTに設定しています。タイムゾーンは、デフォルトがJSTのため、設定は必須ではありません。

② ntpdate ntp.nict.jp

この設定により、ntp.nict.jpに1回だけ時刻同期します。インターネットに接続した後に、設定してください。

③ schedule at 1 */* 00:00:00 * ntpdate ntp.nict.jp

毎日0時にNTPで同期するようにしています。atに続く1は、スケジュール番号です。*/*は毎日を示します。日付を指定する時は、12/11など月/日で記述します。00:00:00は時間です。時:分:秒で記述します。ntpdate以降は、指定した時刻に実行するコマンドです。

④ sntpd service on

SNTPサーバー機能を有効にしています。デフォルトでは、LAN側のサブネットからのSNTPによる時刻同期を受け付けます。

なお、今回は172.16.1.0/24のサブネットに接続されたLANスイッチからだけSNTPの接続があります。これは、デフォルトで許可されています。

2章で説明する大規模ネットワークのように、サブネットをまたいだ(ルーティングした)先から接続が必要なこともあります。この場合、sntpd host 172.16.0.0-172.16.255.255などと、接続を許可するIPアドレスの範囲を指定することで、接続が可能になります。

1.5.9 ルーターの設定保存方法

設定後は、設定内容を保存します。

ヤマハルーターでは、コマンドで設定した内容はすぐ動作に反映されます。この設定は、RAM(Random Access Memory)という再起動すると消えるメモリに保存されます。つまり、RAMに保存された設定にしたがって、ヤマハルーターは動作します。

保存場所は、もう1つあります。不揮発性メモリ(Flash ROM)です。不揮発性メモリに保存すると、再起動しても設定が消えません。起動時は、不揮発性メモリからRAMに読み込んで、設定内容が反映されます。

RAMの設定を不揮発性メモリに保存するためには、saveコマンドを使います。saveコマンドによって、再起動しても設定が消えなくなります。つまり、設定した後は、saveコマンドを忘れないようにする必要があります。

設定は、config0やconfig1など複数ファイルに保存できます。このため、saveコマンドはコンフィグ番号を指定することもできます。たとえば、save 1と実行するとconfig1に保存されます。

コンフィグ番号を指定しなかった場合、起動時に利用した設定ファイルに保存されます。デフォルトは、config0です。つまり、通常はsaveとコマンド入力すれば良いというわけです。

設定ファイル関連では、以下のコマンドも使えます。

- **show config list**

  設定ファイルの一覧を表示します。

- **set-default-config** [コンフィグ番号]

  次回の起動時に利用するコンフィグ番号を指定します。たとえば、config1を利用する場合は、set-default-config 1になります。

実行中の設定ファイルや、次回起動時に使われる設定ファイル(デフォルト設定ファイル)は、show environment コマンドで確認できます。

```
# show environment
RTX830 BootROM Ver. 1.01
RTX830 FlashROM Table Ver. 1.02
RTX830 Rev.15.02.29 (Mon Mar 13 13:54:41 2023)
  main:  RTX830 ver=00 serial=ÐRM504975 MAC-Address=ac:44:f2:64:df:b4
MAC-Address=ac:44:f2:64:df:b5
CPU:    0%(5sec)   0%(1min)   0%(5min)    メモリ: 34% used
パケットバッファ:   0%(small)   0%(middle)  10%(large)   0%(huge) used
ファームウェア: internal
実行中設定ファイル: config0  デフォルト設定ファイル: config0
シリアルボーレート: 9600
起動時刻: 2023/08/20 17:41:24 +09:00
現在の時刻: 2023/08/20 18:11:16 +09:00
起動からの経過時間: 0日 00:29:52
セキュリティクラス レベル: 1, FORGET: ON, TELNET: OFF
```

設定は、外部メモリに保存することもできます。外部メモリとは、USB(Universal Serial Bus) メモリや microSD カードのことです。ルーターに差し込んで使います。

外部メモリに保存するコマンドは、以下のとおりです。

```
# copy config 0 usb1:config.txt
```

configの後の0はコンフィグ番号です。usb1はメディアです。USB スロットが2つある機種ではusb2も使えます。また、microSD カードでは sd1 です。config.txtは、保存するファイル名です。自由なファイル名を付けることができますが、設定を反映させる時のことを考えるとconfig.txtがお薦めです。

USB メモリか microSD カードが差し込まれていて config.txtがあると、USB ボタンまたは microSD ボタン(利用している方)を押したまま DOWNLOAD または FUNC ボタンを3秒間押し続けると、外部メモリの設定を反映できます。この方法は、事前に外部メモリに設定を保存しておけば、障害でルーターを交換した時でも簡単に設定を復旧させることができます。

1.5.10 ルーターのLANマップ設定

LANマップは、Web GUIで設定を行います。Web GUIへは、Webブラウザーを起動して、アドレス欄でヤマハルーターのIPアドレスを指定すればログインできます。

ログイン時に認証が必要ですが、ユーザー名は空白のままで、管理パスワード(今回だと`enable01`)だけ入力します。初期状態では、パスワードも空欄のままでログインできます。

ログイン時は、「ダッシュボード」画面が表示されていますが、「LANマップ」を選択することでLANマップを表示できます。

初期状態では、LANマップは無効になっています。そのため、画面右上隅にある「設定」(歯車のアイコン)ボタンをクリックして、この機能を有効にする必要があります。

■ RTX830の「LANマップの設定」画面

LANマップの設定

LANマップでは、ネットワークに接続されているエージェント(ヤマハルーター、ヤマハスイッチ、ヤマハ無線AP、ヤマハUTM)、端末を可視化し、監視、管理することができます。
LANマップを使用する場合は、基本設定の「L2MSの動作モード」でマネージャーを選択し、「L2MSを有効にするインターフェース」で使用するインターフェースにチェックを入れてください。

■ 基本設定

LANマップの基本的な設定を行います。

L2MSの動作モード	◉ マネージャー ○ エージェント ○ L2MSを使用しない
L2MSを有効にするインターフェース	☑ LAN
機器名	◉ デフォルトの機器名 (RTX830_シリアル番号) ○ 手動設定 RTX830_DRM504975 (半角 32 文字以内)

■ マネージャーモード時の動作設定

マネージャーとして動作する場合の設定を行います。

● 端末の管理

端末管理機能を有効にするインターフェース	☑ LAN
端末情報の補正間隔	1800 秒 (1800 - 86400)
下記無線AP配下の端末の更新間隔 • WLX202 • WLX212 • WLX222 • WLX302 • WLX313 • WLX402 (Rev.17.00.09 より前のファームウェア) • WLX413	60 秒 (10 - 86400)

設定の確定　キャンセル

デフォルトはマネージャーですが、L2MSが無効になっているため、有効にするポート(今回の設計ではLAN)にチェックを入れます。その後、「設定の確定」ボタンをクリックします。これで、L2MSが有効になり、エージェントを自動で検知して管理などが行えます。

なお、「設定の確定」ボタンをクリックすると不揮発性メモリにも保存されます。

次にスナップショットの設定です。

スナップショットは、デフォルトで無効になっているため、利用する場合は「LANマップの設定」画面で下にスクロールして、スナップショット機能を有効にする必要があります。

■ RTX830の「LANマップの設定」画面(スナップショット有効化)

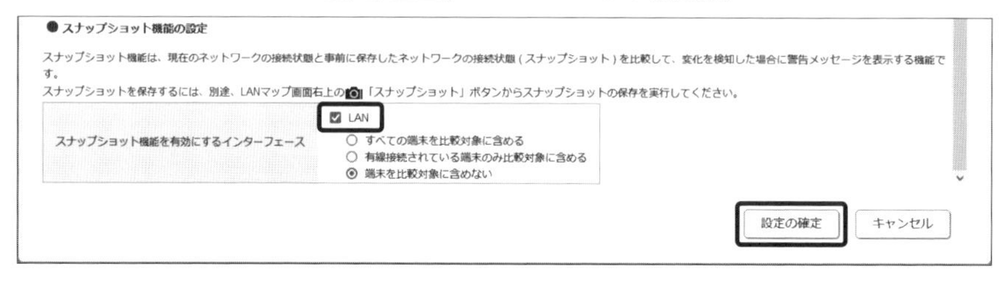

「LAN」にチェックを入れて、以下から選択します。

■ スナップショットで管理する端末の選択

選択肢	説明
すべての端末を比較対象に含める	有線LAN、無線LANどちらで接続されている端末も比較対象に含めます。
有線接続されている端末のみ比較対象に含める	有線LANで接続されている端末のみ比較対象に含めます。
端末を比較対象に含めない	端末を比較対象に含めません。

端末を比較対象にすると、たとえばパソコンの電源を切ると通知が発生します。このため、台数が多い場合は比較対象に含めない方が賢明です。今回は、「端末を比較対象に含めない」を選択します。

「設定の確定」ボタンをクリックすると、設定が反映されます。

1.5.11 コアスイッチの初期設定

次からは、コアスイッチの初期設定を手順形式で説明します。

1．TELNETでの接続

ヤマハLANスイッチも、デフォルトでTELNETによる接続が可能になっています。

デフォルトのIPアドレスが192.168.100.240で、サブネットマスクが255.255.255.0になっています。このため、パソコンのIPアドレスを192.168.100.100、サブネットマスクを255.255.255.0などに設定してから接続します。

接続後は、ユーザー名とパスワードを聞かれます。

ファームウェアのSWX3220-16MT Rev.4.02.09／SWX2310P-10G Rev.2.02.23までは、初期状態でユーザー名とパスワードが設定されていません。このため、そのままEnterキーを押すとログインできます。ファームウェアとは、LANスイッチなどが動作するためのソフトウェアです。

SWX3220-16MT Rev.4.02.10／SWX2310P-10G Rev.2.02.24以降は、ユーザー名もパスワードもadminでログインできます。また、ログイン後にパスワードの変更を求められます。

ログイン後のプロンプトは、以下の最後のように「SWX3220>」です。SWX3220部分は、機種によって変わります。

```
Username:          ←そのまま[Enter]キー、または admin
Password:          ←そのまま[Enter]キー、または admin

SWX3220-16MT Rev.4.02.09 (Thu May 19 18:00:46 2022)
  Copyright (c) 2018-2022 Yamaha Corporation. All Rights Reserved.

SWX3220>                    ←ここでコマンドを実行する
```

ログイン時は、非特権EXECモード(ユーザーモード)です。enableコマンドを実行すると特権EXECモード(管理者モード)になって、設定や情報の表示が行えます。プロンプトも「SWX3220>」から「SWX3220#」に変わります。

1章 小規模ネットワークの構築

2．SSHでの接続

SSHで接続するためには、いったんTELNETで接続して特権EXECモードになった後、次のコマンドを設定する必要があります。

```
SWX3220# ssh-server host key generate                ①
SWX3220# configure terminal                           ②
Enter configuration commands, one per line. End with CNTL/Z.
SWX3220(config)# ssh-server enable                    ③
SWX3220(config)# username user01 password pass01      ④
SWX3220(config)# exit                                 ⑤
SWX3220#
```

① ssh-server host key generate

暗号化のための鍵を作成しています。

② configure terminal

グローバルコンフィグレーションモードに移行して、設定が可能になります。設定を行う時は、必ずグローバルコンフィグレーションモードに移行する必要があります。

③ ssh-server enable

SSHで接続できるようにサービスを有効にしています。

④ username user01 password pass01

設計どおりユーザー名user01を作成して、パスワードをpass01に設定しています。

⑤ exit

グローバルコンフィグレーションモードを抜けて、特権EXECモードに戻ります。

以上の設定で、SSHを使ってログインできるようになります。

3．パスワードの変更

SWX3220-16MT Rev.4.02.09 ／ SWX2310P-10G Rev.2.02.23 までは、最初にログインした時にパスワードの変更が求められません。このため、別途パスワードを変更する必要があります。TELNETで接続したときのパスワード（ログインパスワード）は、password コマンドで変更できます。

```
SWX3220(config)# password pass01
```

上記で、パスワードは pass01 に設定されます。

特権 EXEC モードに移行するときのパスワード（管理パスワード）は、enable password コマンドで変更できます。

```
SWX3220(config)# enable password enable01
```

上記で、パスワードは enable01 に設定されます。この設定により、enable コマンドを実行すると、パスワードの入力が必要になります（新しいファームウェアの admin でログインした場合は、パスワードは求められません）。

4．ホスト名の設定

ホスト名は、hostname コマンドで設定します。

```
SWX3220(config)# hostname Core
Core(config)#
```

設定後は、2行目のようにプロンプトがホスト名を含んだものになります。このため、間違って他の LAN スイッチにログインしても、プロンプトを確認すれば、間違いに気づきやすくなります。

1.5.12 コアスイッチのVLAN設定

VLANは、以下のようにVLANモードに移行して作成します。

```
Core(config)# vlan database              ①
Core(config-vlan)# vlan 10,20,100        ②
Core(config-vlan)# exit
Core(config)#
```

① vlan database

VLANモード(VLANを作成できる)に移行しています。

② vlan 10,20,100

コアスイッチで利用するVLAN10、20、100を作成しています。VLAN1はデフォルトで存在するため、新たに作成しません。

アクセスポートに対してVLANを割り当てる時は、物理ポートを指定してから設定します。

```
Core(config)# interface port1.1                ①
Core(config-if)# switchport mode access        ②
Core(config-if)# switchport access vlan 1      ③
Core(config-if)# exit
Core(config)#
```

① interface port1.1

por1.1(ルーターと接続するポート)に対する設定ができるよう指定しています。

② switchport mode access

指定したポートで、ポートベースVLANを使う(アクセスポートになる)ことを設定しています。

③ switchport access vlan 1

ポートベースVLANで使うVLANを1に設定しています。

ただし、VLAN1はすべてのポートにデフォルトで割り当てられているため、この設定は必須ではありません。

トランクポートに対してVLANを割り当てる時も、物理ポートを指定してから設定します。

```
Core(config)# interface port1.2                              ①
Core(config-if)# switchport mode trunk                       ②
Core(config-if)# switchport trunk allowed vlan add 10        ③
Core(config-if)# switchport trunk native vlan 1              ④
Core(config-if)# exit
Core(config)# interface port1.3
Core(config-if)# switchport mode trunk
Core(config-if)# switchport trunk allowed vlan add 20
Core(config-if)# switchport trunk native vlan 1
Core(config-if)# exit
Core(config)# interface port1.7
Core(config-if)# switchport mode trunk
Core(config-if)# switchport trunk allowed vlan add 100
Core(config-if)# switchport trunk native vlan 1
Core(config-if)# exit
Core(config)#
```

① interface port1.2

port1.2 (1階フロアスイッチと接続するポート) を指定しています。

② switchport mode trunk

指定したポートで、タグVLANを使う(トランクポートになる)ことを設定しています。

③ switchport trunk allowed vlan add 10

指定したポートで、VLAN 10がタグ付きで通信できることを設定しています。switchport trunk allowed vlan allと設定すると、すべてのVLANが使えます。

④ switchport trunk native vlan 1

ネイティブVLAN(タグなしで送受信するVLAN)を、VLAN 1に設定しています。つまり、この設定によりVLAN 1の場合はタグなしで送信され、タグなしのフレームを受信するとVLAN 1と判断します。

以降の設定も同様で、port1.3ではVLAN 20をタグ付き、port1.7ではVLAN 100をタグ付きで送受信できるようにしています。

1.5.13　コアスイッチの IP アドレス設定

IP アドレスは、以下のように VLAN インターフェースを指定して ip address コマンドで設定します。

```
Core(config)# interface vlan1                        ①
Core(config-if)# ip address 172.16.1.2/24            ②
Core(config-if)# exit
Core(config)# interface vlan10
Core(config-if)# ip address 172.16.10.1/24
Core(config-if)# exit
Core(config)# interface vlan20
Core(config-if)# ip address 172.16.20.1/24
Core(config-if)# exit
Core(config)# interface vlan100
Core(config-if)# ip address 172.16.100.1/24
Core(config-if)# exit
```

① interface vlan1

VLAN 1 のインターフェースを指定し、インターフェースコンフィグレーションモードに移行します。

② ip address 172.16.1.2/24

VLAN 1 の IP アドレスを、172.16.1.2/24 に設定しています。

以降の設定も同様で、各 VLAN に設計どおりの IP アドレスを設定しています。

これらの設定により、VLAN 間でルーティングができるようになります。たとえば、VLAN 10 のパソコンからの通信を VLAN 100 にある共通利用サーバーへルーティングするなどです。

1.5.14 コアスイッチのルーティング設定

設計では、コアスイッチからルーターに向けてデフォルトルートを設定することになっています。デフォルトルートは、次のように設定します。

```
Core(config)# ip route 0.0.0.0/0 172.16.1.1
```

172.16.1.1は、ルーターのLAN側IPアドレスです。0.0.0.0/0がデフォルトルートを示します。

この設定によって、パソコンやサーバーからのインターネットへの通信はルーターにルーティングされます。

1.5.15 コアスイッチのNTP設定

設計では、各LANスイッチはルーターに時刻同期することになっていました。NTPの設定は、以下のように行います。

```
Core(config)# clock timezone jst                   ①
Core(config)# ntpdate server ipv4 172.16.1.1       ②
```

① clock timezone jst

タイムゾーンをJSTに設定しています。タイムゾーンは、デフォルトでJSTが設定されているため、設定は必須ではありません。ただし、コマンド自体のデフォルトはUTCです(JSTになるよう、デフォルトでコマンドが設定されています)。

② ntpdate server ipv4 172.16.1.1

IPアドレス172.16.1.1(ルーターのIPアドレス)に時刻同期するよう設定しています。デフォルトでは、1時間単位で時刻同期します。

1.5.16　コアスイッチのループ検出機能設定

ループ検出機能は、loop-detect コマンドで設定します。

```
Core(config)# loop-detect enable            ①
Core(config)# interface port1.1-12          ②
Core(config-if)# loop-detect enable         ③
```

① **loop-detect enable**
コアスイッチ全体のループ検出機能を有効にしています。デフォルトは、無効(disable)です。

② **interface port1.1-12**
port1.1 から 12 を指定しています。- (ハイフン) で指定することで、1 から 12 番すべてのポートに対して同じ設定が一度に行えます。

③ **loop-detect enable**
指定したポートのループ検出機能を有効にしていますが、これはデフォルトで有効です。つまり、コアスイッチ全体でループ検出機能を有効にすれば、すべてのポートはデフォルトでループ検出機能が有効になります。

説明上、②と③についてもコマンドを記述しましたが、実質は①だけ設定すれば、ループ検出機能は全ポートで有効になります。

1.5.17　コアスイッチへのアクセス許可設定

LAN スイッチは、デフォルトで VLAN 1 からのみ TELNET、SSH、HTTP アクセスが許可されています。その他の VLAN からも受け付けるためには、以下の設定を行います。

```
Core(config)# telnet-server interface vlan10
Core(config)# telnet-server interface vlan20
Core(config)# ssh-server interface vlan10
Core(config)# ssh-server interface vlan20
Core(config)# http-server interface vlan10
Core(config)# http-server interface vlan20
```

これで、パソコンが接続されるVLAN 10と20からのアクセスも行えるようになります。もし、VLAN 100からも接続が必要な場合は追加します。最大8個まで設定できます。

1.5.18　コアスイッチのLANマップ設定

LANスイッチは、デフォルトでL2MSが有効でエージェントです。このため、コアスイッチに限らずフロアスイッチとアクセススイッチも特に設定は不要です。

ルーター側でL2MSを有効に設定すれば、LANスイッチが自動検出されて管理が開始され、障害なども通知されます。

1.5.19　コアスイッチの設定保存方法

設定後は、設定内容を保存します。

ヤマハLANスイッチも、コマンドで設定した内容はすぐ動作に反映されます。この設定は`running-config`と言われ、RAMに保存されます。つまり、ヤマハLANスイッチは`running-config`に保存された設定にしたがって動作しますが、RAMに保存されているので再起動すると設定が消えます。

保存場所は、もう1つあります。不揮発性メモリです。不揮発性メモリに保存された設定は`startup-config`と言われ、再起動しても設定が消えません。起動時は、`startup-config`から`running-config`に読み込んで、設定内容が反映されます。

`running-config`の内容を`startup-config`に保存するためには、特権EXECモードで`write`コマンドを使います。`write`コマンドによって、再起動しても設定が消えなくなります。

1.5.20 フロアスイッチの設定

フロアスイッチは、利用するコマンドはコアスイッチとほとんど同じです。このため、設定例を示してポイントのみ解説します。

初期設定

```
SWX3220# ssh-server host key generate
SWX3220# configure terminal
Enter configuration commands, one per line. End with CNTL/Z.
SWX3220(config)# ssh-server enable
SWX3220(config)# username user01 password pass01
SWX3220(config)# password pass01
SWX3220(config)# enable password enable01
SWX3220(config)# hostname Floor1            ①
Floor1(config)#
```

上記は、SSH、ログインパスワード、管理パスワード、ホスト名の設定をしています。

これは、1階フロアスイッチの設定です。2階フロアスイッチの場合は、①でFloor2と設定します。

VLAN設定

```
Floor1(config)# vlan database
Floor1(config-vlan)# vlan 10
Floor1(config-vlan)# exit
Floor1(config)# interface port1.1-4,port1.12         ①
Floor1(config-if)# switchport mode trunk
Floor1(config-if)# switchport trunk allowed vlan add 10
Floor1(config-if)# switchport trunk native vlan 1
Floor1(config-if)# exit
```

上記は、VLAN 10を作成してport1.1から4と12がタグ付きで送受信できるように設定しています。①は、port1.1-4はすでに説明したとおりport1.1から4を示しています。,(カンマ)を付けると連続したポート番号ではなく、離れたポート番号を示します。このため、ポート5から11は指定に含まれず、port1.12のみ該当することになります。つまり、port1.1-4,port12によってport1.1から4と12を指定したことになります。

これは、1階フロアスイッチの設定です。2階フロアスイッチの場合は、VLAN 20を作成して割り当てることになります。

IPアドレス設定

```
Floor1(config)# interface vlan1
Floor1(config-if)# ip address 172.16.1.10/24
Floor1(config-if)# exit
```

これは、1階フロアスイッチの設定です。2階フロアスイッチの場合は、IPアドレスに172.16.1.11を設定することになります。

デフォルトルート設定

フロアスイッチでは、設計どおりコアスイッチをゲートウェイとしてデフォルトルートを設定します。

```
Floor1(config)# ip route 0.0.0.0/0 172.16.1.2
```

これで、コアスイッチがルーティングして他のVLANと通信可能になります。また、VLAN 10や20のパソコンからフロアスイッチへは、コアスイッチがルーティングしてVLAN 1経由でアクセスされます。VLAN 1は、デフォルトでTELNET、SSH、HTTPでのアクセスが許可されているため、コアスイッチのようにtelnet-server interface vlan10などの設定は不要です。

NTP設定

```
Floor1(config)# ntpdate server ipv4 172.16.1.1
```

1階フロアスイッチでも2階フロアスイッチでも、ルーターをNTPサーバーとして設定します。

ループ検出機能設定

```
Floor1(config)# loop-detect enable
```

設定の保存

```
Floor1# write
```

1.5.21 アクセススイッチとサーバースイッチの設定

アクセススイッチやサーバースイッチも、これまでとコマンドはほとんど同じです。このため、設定例を示してポイントのみ解説します。

なお、今回の設定では port1.10 にパソコンを接続して設定しないと、途中で接続できなくなります (他のポートは VLAN 10 を割り当てるため)。

初期設定

```
SWX2310P# ssh-server host key generate
SWX2310P# configure terminal
Enter configuration commands, one per line. End with CNTL/Z.
SWX2310P(config)# ssh-server enable
SWX2310P(config)# username user01 password pass01
SWX2310P(config)# password pass01
SWX2310(config)# enable password enable01
SWX2310(config)# hostname A-access             ①
A-access(config)#
```

各アクセススイッチとサーバースイッチで、設定が違うのは①です。設計に従って、ホスト名を設定します。

VLAN 設定

```
A-access(config)# vlan database
A-access(config-vlan)# vlan 10
A-access(config-vlan)# exit
A-access(config)# interface port1.1-9
A-access(config-if)# switchport mode access
A-access(config-if)# switchport access vlan 10
A-access(config-if)# exit
A-access(config)# interface port1.10
A-access(config-if)# switchport mode trunk
A-access(config-if)# switchport trunk allowed vlan add 10
```

```
A-access(config-if)# switchport trunk native vlan 1
A-access(config-if)# exit
```

これは、1階アクセススイッチ (A チームから D チーム用) の設定です。2階アクセススイッチ (E チームから H チーム用) の場合は、VLAN 20 を作成して割り当てることになります。また、サーバースイッチでは、VLAN100 を作成して割り当てます。

IP アドレス設定

```
A-access(config)# interface vlan1
A-access(config-if)# ip address 172.16.1.20/24
A-access(config-if)# exit
```

これは、A チーム用アクセススイッチの設定です。設計に従って、IP アドレスを設定します。

デフォルトルート設定

アクセススイッチでもデフォルトルートを設定します。

```
A-access(config)# ip route 0.0.0.0/0 172.16.1.2
```

これで、コアスイッチがルーティングして他の VLAN と通信可能になります。また、フロアスイッチと同様で、VLAN 10 や 20 に接続されたパソコンから TELNET、SSH、HTTP でアクセス可能になります。

NTP 設定

```
A-access(config)# ntpdate server ipv4 172.16.1.1
```

ループ検出機能設定

```
A-access(config)# loop-detect enable
```

PoE設定

SWX2310P-10Gは、デフォルトですべてのポートがPoE有効です。このため、設定は不要です。

設定の保存

```
A-access# write
```

まとめ：1.5 小規模ネットワークの設定工程

- PPPoEを設定する時は、ppインターフェースを設定し、それを利用するポートに関連付ける。
- LANスイッチは、VLANを作成して物理ポートに割り当てる。その時、アクセスポートとトランクポートで割り当てのコマンドが異なる。
- LANスイッチは、VLANインターフェースにIPアドレスを設定する。

1.6 小規模ネットワークのテスト

ここでは、これまでの設定が正しく行えているかテストを行います。

テスト内容が細かいと感じる方もいると思いますが、記録に残しておくことは重要です。たとえば、構築作業を契約で請け負っていた場合、記録として提出が必要な場合があります。また、運用開始後にトラブルが発生した時、以前は正常だったのか記録があれば確認も正確です。確認できれば、運用開始後に設定変更したり、ケーブルの接続を変更したりしていれば、それが原因の可能性が高くなります。つまり、トラブル対応などに役立てることもできます。

1.6.1 単体テスト

単体テストは、装置1台で行うテストです。このため、他の装置とツイストペアケーブルで接続せずに行います。

電源 ON/OFF

電源を ON/OFF した時に、正常に起動・停止できるかの確認です。

ルーターと LAN スイッチで以下のように行います。

- ルーターは、電源スイッチで起動、停止ができます。
- LAN スイッチは電源スイッチがないため、電源コードを挿す、抜くことで起動、停止ができます。

設定時に、すでに起動・停止はしていると思うため、再度確認は不要ですが、記録として残す必要がある(契約などで)場合はここで行います。

ポート UP 確認

ルーターと LAN スイッチの各ポートを、パソコンとツイストペアケーブルで接続してリンクアップするか確認します。リンクアップした場合は、LED が点灯します。

何も点灯しない場合は、ポートが故障している可能性があるため、交換が必要です。

接続とパスワード確認

ルーターとLANスイッチで、以下確認を行います。

- TELNET接続時に設定したパスワードでログインできること。
- SSH接続時に設定したユーザーIDとパスワードでログインできること。
- 管理ユーザー(LANスイッチでは特権EXECモード)に移行する時、設定したパスワードで移行できること。

ただし、これらはテスト工程ではなく初期設定した時にすぐに確認しておいた方が無難です。もし設定が間違っているとログインできなくなったり、管理ユーザーに移行できなくなったりします。この場合、設定変更もできなくて、パスワードも変更できなくなります。

このため、設定を保存する前に確認し、間違ったパスワードを設定してログインできなくなったり、管理ユーザーに移行できなくなったりした場合は、電源OFF→ONによって設定を元に戻せます(つまり、初期設定からやり直せます)。

ループ検出機能の確認

LANスイッチでは、ループ検出機能の確認を行います。すべてのポートで確認するのは時間がかかるのと、ポート単位ではデフォルトで有効なため、各LANスイッチで1回ループを作って確認するのがお薦めです。

次は、port1.2と1.3、port1.5と1.7をツイストペアケーブルで接続して、ループさせた時の例です。ループの確認は、show loop-detect コマンドで行えます。

```
A-access# show loop-detect
loop-detect: Enable
port-blocking interval: auto

port       loop-detect     port-blocking            status
-----------------------------------------------------------
port1.1         enable(*)         enable            Normal
port1.2         enable(*)         enable          Detected
port1.3         enable(*)         enable          Blocking
port1.4         enable(*)         enable            Normal
port1.5         enable(*)         enable          Detected
port1.6         enable(*)         enable            Normal
port1.7         enable(*)         enable          Blocking
```

```
port1.8        enable(*)       enable          Normal
port1.9        enable(*)       enable          Normal
port1.10       enable(*)       enable          Normal
-------------------------------------------------------
(*): Indicates that the feature is enabled.
```

statusでDetectedとなっているのが、ループを検知したポートです。Blockingのポートは、フレームがループしないように通信を停止しています。ループが解消すれば、通信の停止は解除されます。

なお、スパニングツリープロトコルが有効な場合は、このような接続では片方がブロッキングポートになるため、ループしません。スパニングツリープロトコルが無効のLANスイッチを接続してそこでループした時など、ブロッキングポートができない状況の時に、ループが発生する可能性があります。

単体テストの時は、グローバルコンフィグレーションモードでspanning-tree shutdownコマンドを実行して、スパニングツリープロトコルを無効にしてから行うと、今回の接続でもループとなるため簡単です。no spanning-tree shutdownコマンドで、スパニングツリープロトコルを有効に戻せます。

PoE機能の確認

アクセススイッチでは、PoEの確認を行います。PoEは、アクセススイッチにツイストペアケーブルで接続すれば、接続した機器は起動します。

PoEに対応する製品例としては、無線アクセスポイントやIP電話があります。IP電話は、通話をIP上で実現するものです。

全ポート確認する必要はないと思いますが、各アクセススイッチで1ポートはツイストペアケーブルで接続して起動するか確認した方がいいと思います。

1.6.2 システムテスト

システムテストは、ネットワーク全体として正常に動作するか確認するテストです。このため、これまでの設計どおりに装置間をツイストペアケーブルで接続して行います。

インターネット接続確認

ルーターがインターネットと接続できているか確認します。確認は、show status pp 1コマンドで行えます。

```
# show status pp 1
PP[01]:
説明:
PPPoE セッションは接続されています
接続相手: BAS
通信時間: 1秒
受信: 10 パケット [600 オクテット]  負荷: 0.0%
送信: 9 パケット [386 オクテット]  負荷: 0.0%
累積時間: 1秒
PPP オプション
    LCP Local: Magic-Number MRU, Remote: CHAP Magic-Number MRU
    IPCP Local: IP-Address Primary-DNS(203.0.113.10) Secondary-DNS(203.0.113.11), Remote: IP-Address
    PP IP Address Local: 203.0.113.2, Remote: 203.0.113.1
    CCP: None
```

もし、接続できていない場合は、設定を見直した後にconnect pp 1を実行してください。再接続します。

NAT(動的IPマスカレード)の確認

pp 1インターフェースに適用されているNATディスクリプターを確認したい場合は、show nat descriptor interface bind ppコマンドが使えます。

```
# show nat descriptor interface bind pp
NAT/IP マスカレード動作タイプ : 2
NATディスクリプタ番号 OuterType Type
--------------------- --------- ----
                 1000 ipcp      IP Masquerade
```

```
PP[01](1)
Binding:1 PP:1 LAN:0 WAN:0 TUNNEL:0
--------------------- --------- ----
Defined NAT Descriptor:1
```

NATディスクリプター番号1000は、動作タイプIP Masquerade(設定値はmasquerade)で、pp1に適用されていることがわかります。

もし、パソコンがインターネットに接続した時、どのようにアドレス変換されているか確認したい場合、show nat descriptor address allコマンドが使えます。

```
# show nat descriptor address all
NAT/IP マスカレード動作タイプ : 2
参照NAT ディスクリプタ : 1000, 適用インタフェース : PP[01](1)
Masqueradeテーブル
    外側アドレス: ipcp/203.0.113.2
    ポート範囲: 60000-64095, 49152-59999, 44096-49151   36 セッション
プロトコル      内側アドレス            宛先              マスカレード      種別
   UDP       172.16.1.1.1701       *.*.*.*.*            1701         static
   UDP       172.16.1.1.4500       *.*.*.*.*            4500         static
   ESP       172.16.1.1.*          *.*.*.*.*               *         static
   UDP       172.16.1.1.500        *.*.*.*.*             500         static
   -*-    -*-    -*-    -*-    -*-    -*-    -*-    -*-    -*-    -*-    -*-
     No.     内側アドレス           セッション数      ホスト毎制限数      種別
       1     172.16.20.222              18            65534       dynamic
       2     172.16.1.1                  1            65534       dynamic
---------------------
有効なNAT ディスクリプタテーブルが1個ありました
```

プロトコルでUDPとESPの通信は、静的IPマスカレードで設定した内容です。固定で変換されるため、常に表示されます。

その下が動的IPマスカレードによって変換された内容です。172.16.20.222と172.16.1.1が、動的(dynamic)に変換されていることがわかります。これらは、動的なので通信が発生した時だけ表示され、一定時間通信がないと消えます。

リモートアクセスVPN(L2TP/IPsec)接続確認

L2TP/IPsecの接続確認は、実際にパソコンから接続して行います。

今回は、インターネットに接続したパソコンで、ヤマハ製品のYMS-VPN8を使って接続する方法を説明します。YMS-VPN8は、WindowsパソコンをL2TP/IPsec

で安全に接続するためのソフトウェアです。製品なので、ライセンスを購入して利用します。

YMS-VPN8 は、以下でダウンロードできます。

https://network.yamaha.com/support/download/utility/vpn_client8

最初にインストールが必要です。ダウンロードしたファイルをダブルクリックすると、次の画面が表示されます。「次へ (N)>」をクリックすると、「YMS-VPN8 のライセンス条項」が表示されます。ライセンス条項に同意する場合は、「同意する」を選択してから「次へ (N)>」をクリックすると、ライセンス キーの入力画面が表示されます。

■ YMS-VPN8のセットアップウィザード

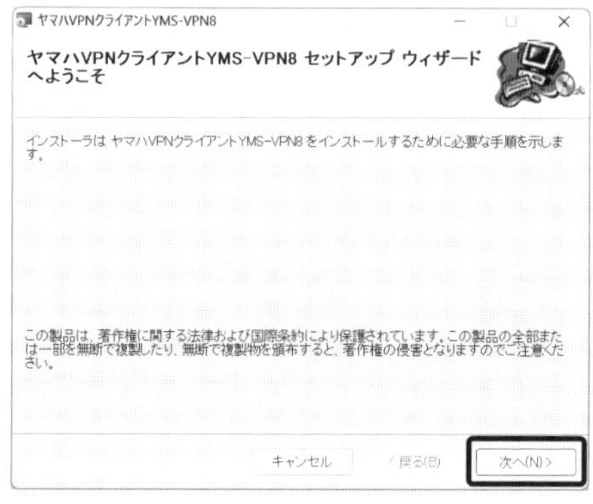

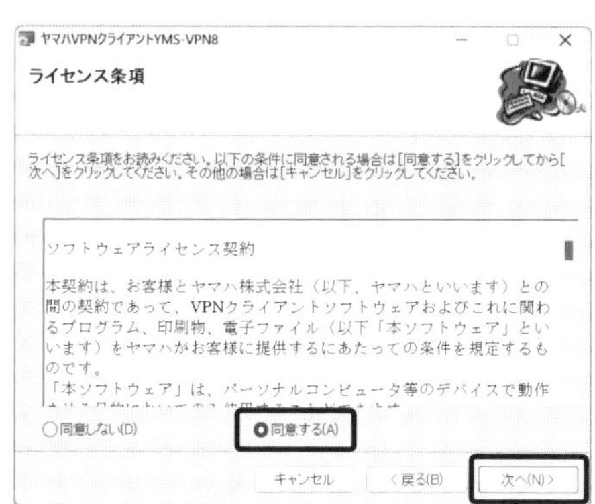

■ YMS-VPN8のライセンスキーの入力

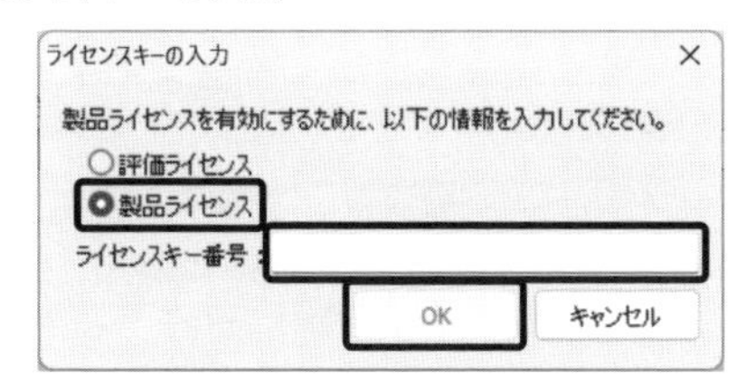

「製品ライセンス」を選択して、「ライセンスキー番号」でライセンス購入時に発行されるライセンスキーを入力後、「OK」をクリックします。

インストール完了の画面が表示されるため、「閉じる (C)」をクリックすればインストールは完了です。パソコンの再起動をうながされるため、「はい (Y)」をクリックして再起動します。

次は、設定です。まずは、Windowsの「スタート」ボタンから「YMS-VPN8」にある「接続設定」を選択して起動します。初期画面が表示された後、「接続1」タブを選択します。

■ YMS-VPN8の接続1画面

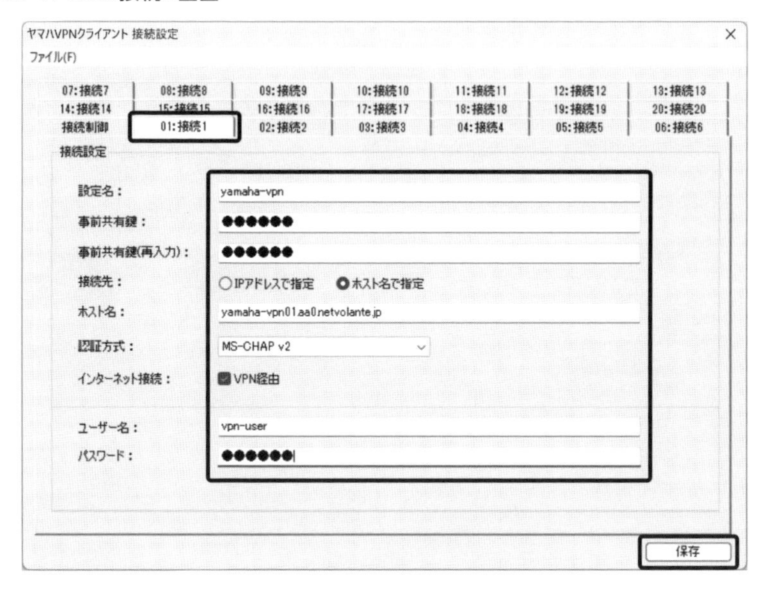

設定項目の説明は、以下のとおりです。

- 設定名：わかりやすい名前を付けます。今回は、yamaha-vpnにしています。
- 事前共有鍵 ： L2TP/IPsec の設計で説明した事前共有鍵です。設計どおりで

1章 小規模ネットワークの構築

あれば、pass01 になります。事前共有鍵 (再入力) にも、同じ値を入力します。

- 接続先 ：「IP アドレスで指定」と「ホスト名で指定」から選択します。この選択によって、その下の項目が「IP アドレス」か「ホスト名」に変わります。今回は、ネットボランチ DNS を利用しているため、「ホスト名で指定」を選択後、「ホスト名」に取得した FQDN の yamaha-vpn01.aa0.netvolante.jp を設定します。
- 認証方式 ： pp auth request コマンドで設定した内容と一致させる必要があります。このため、今回は「MS-CHAP v2」を選択します。
- インターネット接続 ：インターネットへの接続を、VPN 経由にしたい場合にチェックします。インターネットへの接続を VPN 経由でなく、直接通信したい場合はチェックしません。
- ユーザー名 ： L2TP/IPsec の設計で説明したユーザー名です。設計どおりであれば、vpn-user になります。
- パスワード ： L2TP/IPsec の設計で説明したパスワードです。設計どおりであれば、pass00 になります。

「保存」ボタンをクリックすると、設定が保存されます。接続先は、20 個まで登録できます。

VPN 接続は、「接続制御」タブを選択して行います。

■ YMS-VPN8の接続制御画面

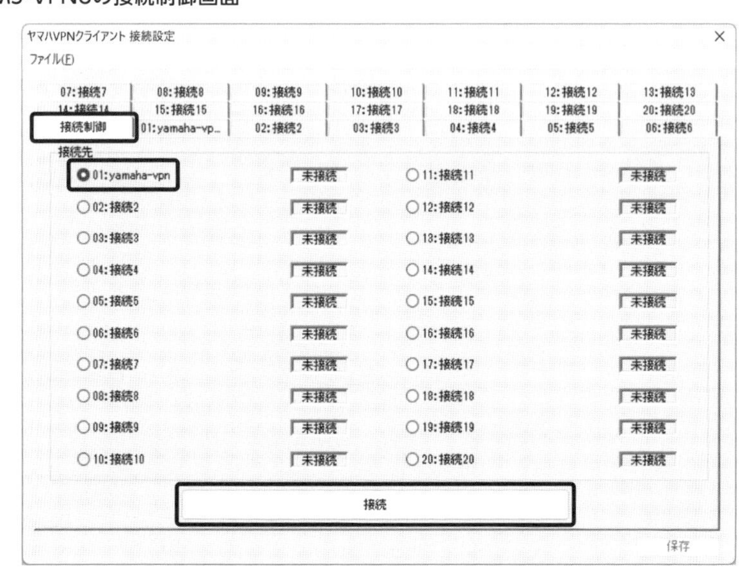

「設定名」で指定した名前 (今回の例では yamaha-vpn) を選択後、画面下の「接続」をクリックすると VPN 接続されます。IP アドレスなどは自動で割り振られるため、すぐに接続先のネットワークが利用できます。

切断するときは、この画面の「接続」部分が「切断」になっているため、クリックすれば切断できます。

また、コマンドプロンプトで ping 172.16.10.1 などを行って応答があることを確認します。ルーティングした先の IP アドレスと通信できれば問題ありません。

この接続で、ネットボランチ DNS を利用したアドレス解決が正常に動作していることも確認できていると言えます。

VLAN の確認

LAN スイッチでは、設計どおりに VLAN が設定されているか確認します。確認するコマンドは、show vlan brief コマンドです。以下は、コアスイッチの確認結果です。

```
Core# show vlan brief
(u)-Untagged, (t)-Tagged

VLAN ID Name                             State   Member ports
======= ================================ ======= ====================
1       default                          ACTIVE  port1.1(u) port1.2(u)
                                                 port1.3(u) port1.4(u)
                                                 port1.5(u) port1.6(u)
                                                 port1.7(u) port1.8(u)
                                                 port1.9(u) port1.10(u)
                                                 port1.11(u) port1.12(u)
                                                 port1.13(u) port1.14(u)
                                                 port1.15(u) port1.16(u)
10      VLAN0010                         ACTIVE  port1.2(t)
20      VLAN0020                         ACTIVE  port1.3(t)
100     VLAN0100                         ACTIVE  port1.7(t)
```

作成した VLAN の一覧が表示され、その VLAN がどのポートで使えるのかがわかります。

(u) と付いているポートではその VLAN をタグなしで扱い、(t) と付いているポートではその VLAN をタグ付きで扱います。たとえば、VLAN 1 は port1.1 から 16 まですべて (u) なので、タグなしで送受信します。VLAN 10 は (t) なので、port1.2 でタグ付きで送受信します。

ルーティングテーブルの確認

ルーターのルーティングテーブルは、show ip route コマンドで確認できます。

```
# show ip route
宛先ネットワーク          ゲートウェイ        インタフェース    種別      付加情報
default                 -                        PP[01]    static
172.16.1.0/24           172.16.1.1                 LAN1  implicit
172.16.10.0/24          172.16.1.2                 LAN1    static
172.16.20.0/24          172.16.1.2                 LAN1    static
172.16.100.0/24         172.16.1.2                 LAN1    static
```

宛先ネットワークがdefaultになっているのがデフォルトルートです。PP[01](pp 1) インターフェースに向いているため、インターネット側に送信されます。

コアスイッチのルーティングテーブルも、show ip route コマンドで確認できます。

```
Core# show ip route
Codes: C - connected, S - static, R - RIP
       O - OSPF, IA - OSPF inter area
       N1 - OSPF NSSA external type 1, N2 - OSPF NSSA external type 2
       E1 - OSPF external type 1, E2 - OSPF external type 2
       * - candidate default

Gateway of last resort is 172.16.1.1 to network 0.0.0.0

S*      0.0.0.0/0 [1/0] via 172.16.1.1, vlan1
C       172.16.1.0/24 is directly connected, vlan1
C       172.16.10.0/24 is directly connected, vlan10
C       172.16.20.0/24 is directly connected, vlan20
C       172.16.100.0/24 is directly connected, vlan100
```

左端でSと表示されているのが、スタティックルートで設定したものです。0.0.0.0/0 なので、デフォルトルートを示します。

それ以外のCは、自身のVLANインターフェースで設定したものです。directly となっていて、直接通信できるサブネットであることを示しています。

通信確認

通信確認は、パソコンやサーバーをアクセススイッチやサーバースイッチに接続して通信できるか確認するものです。

アクセススイッチ8台にパソコンを順番に接続して、通信確認します。その時、全ポートに接続してまで確認する必要はないと思いますが、各アクセススイッチで1ポートには接続して確認しておいた方がいいと思います。

また、サーバースイッチにはできれば共通利用サーバーを接続します。

確認する時は、以下のようなマトリクス表を作成しておくと、漏れがなくて良いと思います。

■通信確認のマトリクス表

送信元	共通利用サーバー	インターネット
Aチームアクセススイッチ		
Bチームアクセススイッチ		
Cチームアクセススイッチ		
Dチームアクセススイッチ		
Eチームアクセススイッチ		
Fチームアクセススイッチ		
Gチームアクセススイッチ		
Hチームアクセススイッチ		
サーバースイッチ	—	

送信元は、たとえばAチームアクセススイッチであれば、Aチームアクセススイッチにパソコンを接続して通信確認するということです。

その宛先は、共通利用サーバーとインターネットです。通信できれば○、通信できなければ×などと記録します。

共通利用サーバーにはping、インターネットにはWebブラウザーなどで通信確認します。その際、パソコンやサーバーに設定するIPアドレスなどは、次のとおりです。

■パソコンやサーバーに設定するIPアドレスなど

区分	IPアドレス	サブネットマスク	デフォルトゲートウェイ	DNSサーバー
1階アクセススイッチ	172.16.10.2〜254	255.255.255.0	172.16.10.1	172.16.1.1
2階アクセススイッチ	172.16.20.2〜254	255.255.255.0	172.16.20.1	172.16.1.1
共通利用サーバー	172.16.100.2〜254	255.255.255.0	172.16.100.1	172.16.1.1

AからDチームのアクセススイッチに接続したパソコンでは、IPアドレスを172.16.10.2から254の間で設定するという意味です。

もし、共通利用サーバーがpingに応答しない場合、サーバー側の設定も見直しが必要ですが、サーバーで問題ない場合はデフォルトゲートウェイ(1階のパソコンであれば172.16.10.1が宛先)に対してpingで通信確認してみてください。その結果によって、対処が異なってきます。

- 応答がなければ、コアスイッチまで通信が届いていません。フロアスイッチかアクセススイッチのケーブル接続や、VLAN割り当ての確認が必要です。
- 応答があれば、コアスイッチのルーティングテーブルをもう一度確認してください。
- ルーティングテーブルに問題がない場合、サーバースイッチのケーブル接続やVLAN割り当ての確認が必要です。

インターネットと通信できない場合も同様の切り分けを行って対処しますが、インターネットの場合はDNSが問題の可能性もあります。このため、ルーターのIPアドレス172.16.1.1までpingで通信できるのであれば、コマンドプロンプトでnslookupコマンドを使ってDNSが正常に動作しているか確認します。

```
C:¥> nslookup www.example.com
サーバー:  UnKnown
Address:  172.16.1.1

権限のない回答:
名前:     www.example.com
Address:  203.0.113.100
```

www.example.com部分は、通信確認したいFQDNを指定してください。最後のAddress部分のように、IPアドレス(このアドレスとは異なるIPアドレスが表示されると思います)が表示されていればDNSは問題ありません。

もう1つ、インターネットと通信する際に問題になりやすいのが、3章で説明するフィルターです。フィルターは通信を遮断する機能なので、間違っていると通信できません。このため、フィルターの設定を見直してみることも大切です。

ルーターとLANスイッチへのアクセス確認

アクセススイッチに接続したパソコンから、ルーターやLANスイッチに対して、TELNET、SSH、Webブラウザーでアクセスできることを確認します。

インターネットから通信できないことの確認

忘れがちですが、通信できないことを確認するというのもテスト内容としては必要です。

せっかく作ったネットワークが、インターネットから侵入されては問題です。このため、インターネットからルーターにTELNETやSSH、Webブラウザーでアクセスされないことも確認します。

インターネットに接続したパソコンから、ルーターのグローバルアドレスに対して、TELNET、SSH、Webブラウザーでアクセスします。ルーターのグローバルアドレスは、すでに説明したshow status pp 1コマンドで確認できます。

```
# show status pp 1
PP[01]:
説明：
PPPoEセッションは接続されています
接続相手： BAS
通信時間： 1秒
受信： 10 パケット [600 オクテット]  負荷： 0.0%
送信： 9 パケット [386 オクテット]  負荷： 0.0%
累積時間： 1秒
PPPオプション
    LCP Local: Magic-Number MRU, Remote: CHAP Magic-Number MRU
    IPCP Local: IP-Address Primary-DNS(203.0.113.10) Secondary-DNS
(203.0.113.11), Remote: IP-Address
    PP IP Address Local: 203.0.113.2, Remote: 203.0.113.1
    CCP: None
```

Local 部分に、ルーターのグローバルアドレスが表示されています。この例では、203.0.113.2 です。

NTPの確認

ルーターの時刻を確認する時は、show environment コマンドが使えます。

```
# show environment
RTX830 BootROM Ver. 1.01
RTX830 FlashROM Table Ver. 1.02
RTX830 Rev.15.02.29 (Mon Mar 13 13:54:41 2023)
  main:  RTX830 ver=00 serial=DRM504975 MAC-Address=ac:44:f2:64:df:b4
MAC-Addre
ss=ac:44:f2:64:df:b5
CPU:    0%(5sec)   0%(1min)   0%(5min)    メモリ: 34% used
パケットバッファ:   0%(small)   0%(middle)  10%(large)   0%(huge) used
ファームウェア: internal
実行中設定ファイル: config0  デフォルト設定ファイル: config0
シリアルボーレート: 9600
起動時刻: 2023/08/21 13:46:33 +09:00
現在の時刻: 2023/08/21 19:51:47 +09:00
起動からの経過時間: 0日 06:05:14
セキュリティクラス レベル: 1, FORGET: ON, TELNET: OFF
```

現在の時刻が正確か確認します。

LAN スイッチでは、show clock コマンドで確認できます。

```
Core# show clock
Mon Aug 21 19:52:55 JST 2023
```

また、実際に NTP で同期されているか確認するためには、show ntpdate コマンドを使います。

```
Core# show ntpdate
NTP server 1 : 172.16.1.1
NTP server 2 : none
adjust time : Mon Aug 21 18:53:23 2023 + interval 1 hour
sync server : 172.16.1.1
```

同期した時間(adjust time)や、時刻同期しているNTPサーバー(sync server)が確認できます。

LANマップの確認

LANマップは、Webブラウザーで確認します。ログイン後の画面で「LANマップ」を選択し、すべての装置が表示されているか確認します。

■ LANマップ画面

※ 今回の小規模ネットワーク全体ではなく、テストに必要な最低限の機器だけ接続しています。

また、各装置を順番に選択して、アラームなどがないか確認します。

■ LANマップの装置確認

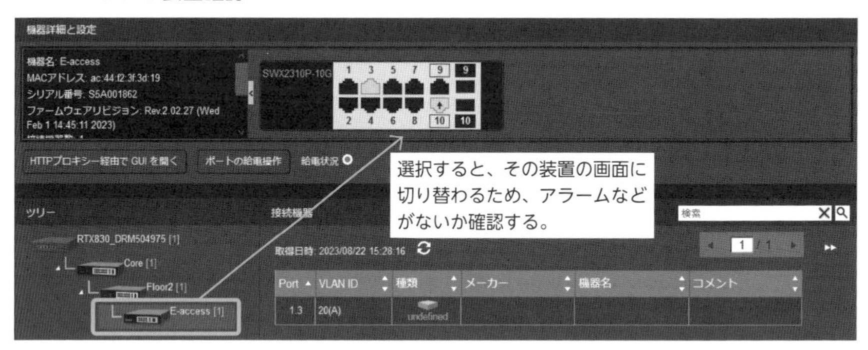

今回は、スナップショットも有効にしているため、正常動作するか確認します。

最初に、ルーターに正常なネットワークの接続状態を保存させます。これは、「LANマップ」画面右上の「スナップショット」ボタン(右上のカメラのようなアイコン)をクリックすることで行えます。この保存された接続状態から変化があると、異常があると認識して画面上で通知が行われます。

このため、1台でいいのでフロアスイッチとアクセススイッチの間のツイストペアケーブルを抜きます。それで、通知が表示されていれば、スナップショットは正常に動作しています。

■ スナップショットの正常動作確認

この画面は、アクセススイッチ1台がダウンした時に採取したものです。SWX2310P-10Gを示すアイコンが暗くなって、赤色の「！」マークが付いています。また、その通知内容も上に表示されています。

このように、運用開始後はLANマップの画面を確認すれば、トラブルが発生していないか確認できますし、どの装置が問題かも確認できます。

1.6.3 切り替え後のテスト

切り替え(本番環境に設置した)後のテストも、システムテストと同様のテストを行います。また、システムテストを行う時にインターネットと接続できる環境がないなど、すべてのテストが行えないこともあります。その場合、システムテストでは設定をチェックするまでにとどめて、本番環境に設置した後にインターネットに接続できるかなどのテストをすることになります。

まとめ：1.6 小規模ネットワークのテスト

- PPPoEの接続確認は、show status pp 1コマンドで行える。
- ppインターフェースに適用されているNATディスクリプターは、show nat descriptor interface bind ppコマンドで確認できる。
- どのようにアドレス変換されているかは、show nat descriptor address allコマンドで確認できる。
- インターネットと通信できない場合、DNSやフィルターの問題の可能性がある。

1章 小規模ネットワークの構築 チェックポイント

問1. PPPoEでインターネットと接続するため、以下のコマンドで設定を行いました。

```
# pp select 1
pp1# pp always-on on
pp1# pppoe use lan2
pp1# pppoe auto disconnect off
pp1# pp auth accept pap chap
pp1# ppp lcp mru on 1454
pp1# ppp ipcp ipaddress on
pp1# ppp ipcp msext on
pp1# ppp ccp type none
pp1# pp enable 1
pp1# pp select none
# ip route default gateway pp 1
# dns host 172.16.0.0-172.16.255.255
# dns server pp 1
```

動的IPマスカレードの設定はすでにしていますが、インターネットと通信できません。どのコマンドを追加すればよいですか？

a) pp auth myname user01@example.com pass01
b) pp auth username user01 pass00
c) pp isp user01@example.com pass01
d) pp user user01 pass00

問2. L2TP/IPsecでリモートアクセスVPNを受け付けるため、以下のコマンドで設定を行いました。

```
# ip lan1 proxyarp on
# pp select anonymous
anonymous # pp bind tunnel1
anonymous # pp auth request mschap-v2
anonymous # pp auth username vpn-user pass00
anonymous # ppp ipcp ipaddress on
anonymous # ppp ipcp msext on
anonymous # ppp ccp type none
anonymous # ip pp remote address pool 172.16.200.100-
172.16.200.131
anonymous # ip pp mtu 1258
anonymous # pp enable anonymous
anonymous # pp select none
# tunnel select 1
```

```
tunnel1# tunnel encapsulation l2tp
tunnel1# ipsec tunnel 101
tunnel1# ipsec sa policy 101 1 esp aes-cbc sha-hmac
tunnel1# ipsec ike keepalive use 1 off
tunnel1# ipsec ike nat-traversal 1 on
tunnel1# ipsec ike remote address 1 any
tunnel1# l2tp tunnel disconnect time off
tunnel1# ip tunnel tcp mss limit auto
tunnel1# tunnel enable 1
tunnel1# tunnel select none
# ipsec auto refresh on
# ipsec transport 1 101 udp 1701
# l2tp service on
```

フィルターやNATの設定は別途行っていますが、インターネットからL2TP/IPsecで接続できません。どのコマンドを追加すればよいですか？

a) ike pre-shared-key 1 text pass01
b) ipsec ike remote address 1 yamaha-vpn02.aa0.netvolante.jp
c) ipsec ike pre-shared-key 1 text pass01
d) ike remote address 1 yamaha-vpn02.aa0.netvolante.jp

解答

問1. 正解は、a)です

PPPPoEで接続する時は、必ずISPから指定されたユーザーIDとパスワードを設定します。
b)は、リモートアクセスVPNで接続する時のユーザーIDとパスワードの設定です。c)とd)のコマンドはありません。

問2. 正解は、c)です

IPsecを使う時は、事前共有鍵の設定が必要です。
b)は、IPsecで拠点間接続する時に使うコマンドです。接続先のFQDNやIPアドレスを設定します。a)とd)のコマンドはありません。

2章

大規模ネットワークの構築

2章は、大規模ネットワークの構築について工程にそって説明します。大規模ネットワークでは、小規模ネットワークで使わなかったスタック、リンクアグリゲーション、OSPFなども使います。

2.1 大規模ネットワークの要件定義

最初に、大規模ネットワークの要件定義です。

2.1.1 大規模ネットワークの要件

A社は、大規模な工場を持っています。工場には本館があり、A棟からD棟までの建屋もあります。本館も含めると、建屋の数は5つです。10個の部署があり、それぞれ数十名程度の従業員が所属しています。工場で働く従業員の合計は、600名程度です。その他の環境は、以下のとおりです。

- 本館は3階、A棟からD棟は2階まであります。
- 各フロアに居室(または作業場)が10個あります。
- 各部署の従業員は同じ居室にまとまっている訳ではなく、違う部署の人が同じ居室で働いていることもあります。
- 各社員は、1台のパソコンを利用します。

■ A社の環境

本館

3階
居室0301
居室0302
EPS室
※居室は合計10

2階
居室0201
居室0202
EPS室
※居室は合計10

1階
サーバールーム
居室0101
居室0102
※居室は合計10

EPS:Electric Pipe Space

A棟

2階
EPS室
居室A201
居室A202
※居室は合計10

1階
EPS室
居室A101
居室A102
※居室は合計10

2階
EPS室
居室B201
居室B202
※居室は合計10

1階
EPS室
居室B101
居室B102
※居室は合計10

※同様の建屋がD棟まである。

EPSとは、電気関連の機器が設置される場所で、配管などケーブルを配線する設備が整っている空間です。配管を使ってケーブルの敷設が可能なため、情報通信機器もEPS(もしくはそれに準じた場所)に設置されます。

この環境の基、要件をまとめると次のようになりました。

- 各居室で6台程度のパソコンをネットワークに接続する。
- 各居室でネットワークに接続できるLANスイッチを確保したい。
- インターネットが使えるようにする。
- ネットワーク全体で1Gbps以上を確保したい。

- ネットワークの主要部分は冗長化して耐障害性を高めたい。
- 各部署が使うネットワークを分けたい。
- ネットワークを使う時、誰でも使えてしまわないように認証するようにしたい。
- 本社にあるサーバーを安全に利用したい。
- 情報システム部門のSNMP(Simple Network Management Protocol) マネージャーで、ルーターとLANスイッチを管理・監視したい。

2.1.2　大規模ネットワークの仕様策定

要件からは、各居室にアクセススイッチを配置する必要があります。また、アクセススイッチを各フロアでまとめるフロアスイッチも必要です。

各建屋には、コアスイッチと接続し、各階にあるフロアスイッチと中継するためのLANスイッチも配置します。これを、ディストリビューションスイッチと呼びます。

なぜ、ディストリビューションスイッチが必要か、理由は次のとおりです。

費用を抑えるため

コアスイッチと、A棟からD棟のディストリビューションスイッチ間のケーブルは、建屋をまたがるため光ファイバーケーブルにする必要があります。この時、ディストリビューションスイッチがないとコアスイッチと各フロアスイッチ(1階と2階のフロアスイッチ両方)を接続するための光ファイバーケーブルが必要になります。

■ コアスイッチとフロアスイッチを直結した場合

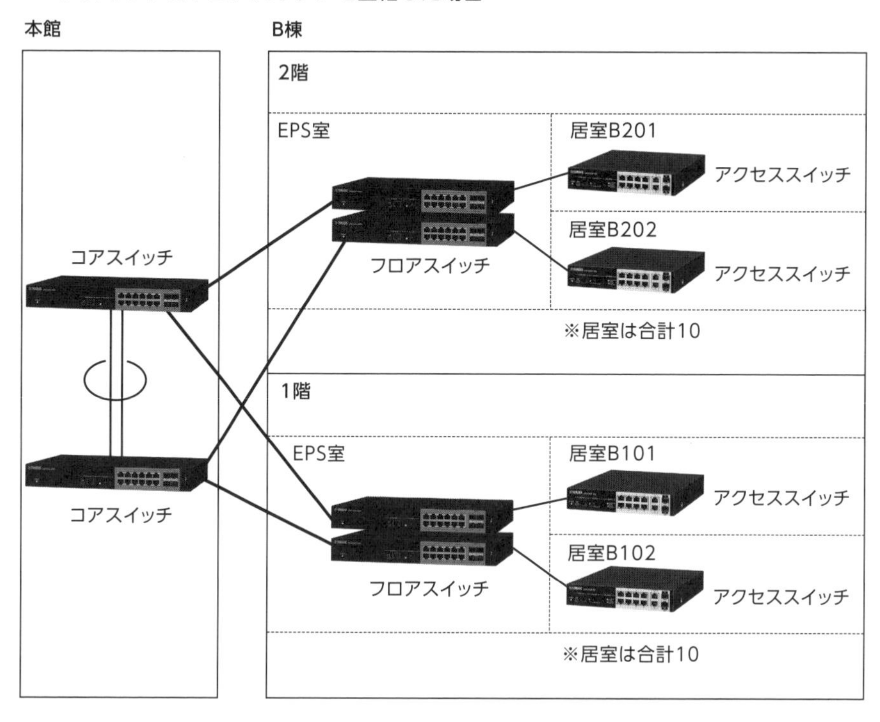

建屋のフロアが多いと、たくさんの光ファイバーケーブルが必要になります。光ファイバーケーブルの敷設は、数百万や数が多いと数千万円などになります。このため、ディストリビューションスイッチを配置してフロアスイッチを接続します。コアスイッチには、ディストリビューションスイッチだけが光ファイバーケーブルで接続されるようにします。これで、光ファイバーケーブルの数が少なくて済み、コスト(費用)を抑えられます。

光ファイバーケーブルの敷設形態によるため

光ファイバーケーブルは、通常は1階のLANスイッチを設置する部屋(今回の例では1階のEPS室)まで配線されています。もし、光ファイバーケーブルがすでにたくさん配線されていたとしても、フロアスイッチと接続するためには2階などに延長する必要があります。つまり、ディストリビューションスイッチを設けるなどして、結局はフロアスイッチまで中継する必要があるということです。

また、「ネットワークの主要部分は冗長化して耐障害性を高めたい。」という要件があるため、コアスイッチ、ディストリビューションスイッチ、フロアスイッチを2台構成として、1台が故障しても切り替えてネットワークが利用できるようにします。

これらを可視化すると、以下になります。

■ 仕様策定の基となるネットワーク概略図

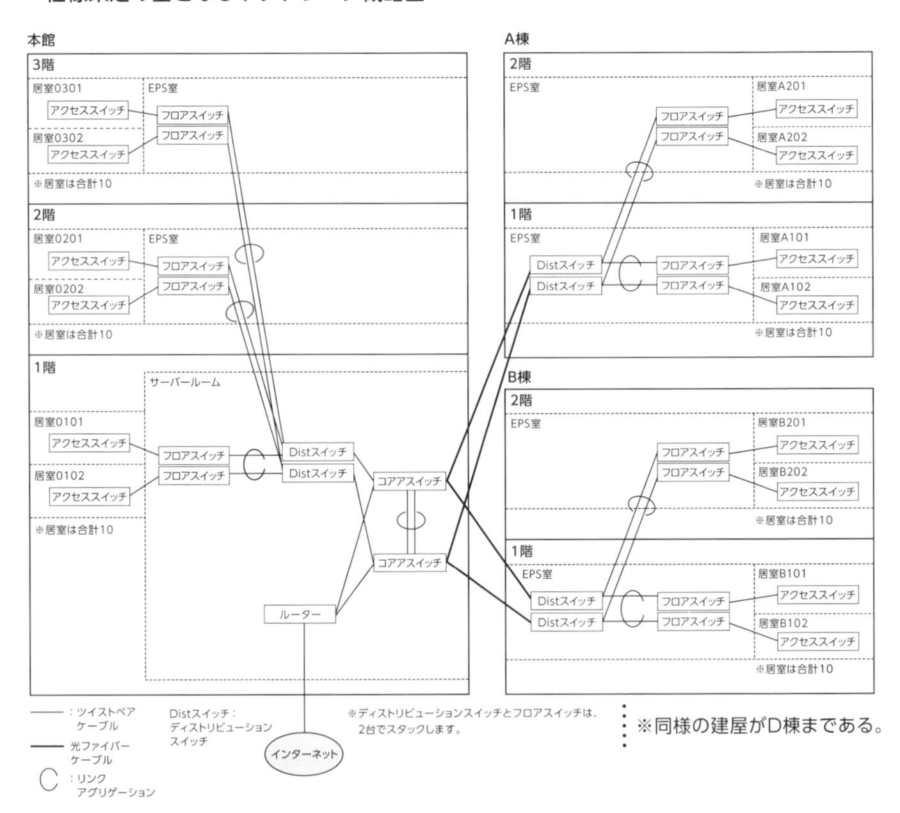

ルーターとコアスイッチ2台の間は、OSPF(Open Shortest Path First)でルーティングすることとし、コアスイッチの故障などでも通信経路が切り替えられるようにします。

パソコンのデフォルトゲートウェイはコアスイッチになるため、どちらが故障しても通信を継続できるようVRRP(Virtual Router Redundancy Protocol)も必要です。

さらに、コアスイッチ2台とディストリビューションスイッチ間はループ構成となるため、スパニングツリープロトコル(STP:Spanning Tree Protocol)も利用します。

これらを基に、各機器で必要な仕様をまとめると、次のようになります。

ルーター

- インターネットと接続するために PPPoE、NAT、フィルタリング機能が必要。
- 本社との間で拠点間接続 VPN ができるよう IPsec 機能が必要。
- すべて 1G bps 以上の速度が必要。

コアスイッチ×2台

- ツイストペアケーブル接続のポート数は、最低4つ必要(ルーター接続×1、本館ディストリビューションスイッチ接続×1、対向コアスイッチ接続×2)。
- 光ファイバーケーブル接続の SFP ポート数は、最低4つ必要(A〜D棟のディストリビューションスイッチ接続)。
- すべて 1G bps 以上の速度が必要。
- 各部署のネットワークを分離するため、VLAN 機能が必要。
- パソコンがインターネットや本社サーバーと通信するために、ルーティング機能が必要。
- 冗長化のためリンクアグリゲーション、OSPF、VRRP、スパニングツリープロトコルが必要。

本館ディストリビューションスイッチ×2台

- ツイストペアケーブル接続のポート数は、最低4つ必要(コアスイッチ接続×1、フロアスイッチ接続×3)。
- すべて 1G bps 以上の速度が必要。
- 各部署のネットワークを分離するため、VLAN 機能が必要。
- 冗長化のためリンクアグリゲーション、スパニングツリープロトコル、スタック機能が必要。

A棟からD棟ディストリビューションスイッチ×8台

- ツイストペアケーブル接続のポート数は、最低2つ必要(フロアスイッチ接続×2)。
- 光ファイバーケーブル接続の SFP ポート数は、最低1つ必要(コアスイッチ接続)。
- すべて 1G bps 以上の速度が必要。
- 各部署のネットワークを分離するため、VLAN 機能が必要。

- 冗長化のためリンクアグリゲーション、スパニングツリープロトコル、スタック機能が必要。

フロアスイッチ× 22 台

- ツイストペアケーブル接続のポート数は、最低6つ必要(ディストリビューションスイッチ接続 ×1、アクセススイッチ接続 ×5)。
  ※ 各フロアスイッチで5台のアクセススイッチを接続
- すべて1G bps 以上の速度が必要。
- 各部署のネットワークを分離するため、VLAN 機能が必要。
- 冗長化のためリンクアグリゲーション、スタック機能が必要。

アクセススイッチ× 110 台

- ポート数は、最低7必要(パソコン6台、フロアスイッチ接続 ×1)。
- すべて1G bps 以上の速度が必要。
- 各部署のネットワークを分離するため、VLAN 機能が必要。
- ポート認証機能が必要。

アクセススイッチは、必要なポート数が足りていればスタックにしません。スタックにしたとしても、パソコンは1台のアクセススイッチにしか接続できないため、メリットが少ないためです。故障した時の対応としては、予備のアクセススイッチを購入しておけば交換もすぐにできます。

まとめ：2.1 大規模ネットワークの要件定義

- 建屋にフロアが複数あって、建屋間を接続する場合はディストリビューションスイッチを設ける。
- 大規模ネットワークでは主要経路が通信できなくならないように、スタックやリンクアグリゲーションなどで冗長化を行う。

2.2 大規模ネットワークの方式設計

取りまとめた要件定義を基にして、方式設計を行います。また、利用する各技術の説明も同時に行います。

2.2.1 ネットワーク物理構成図

要件定義で作成したネットワーク概略図と仕様策定結果をもとに、まずはネットワーク物理構成図を作成します。

■ **大規模ネットワーク物理構成図（次ページに拡大図）**

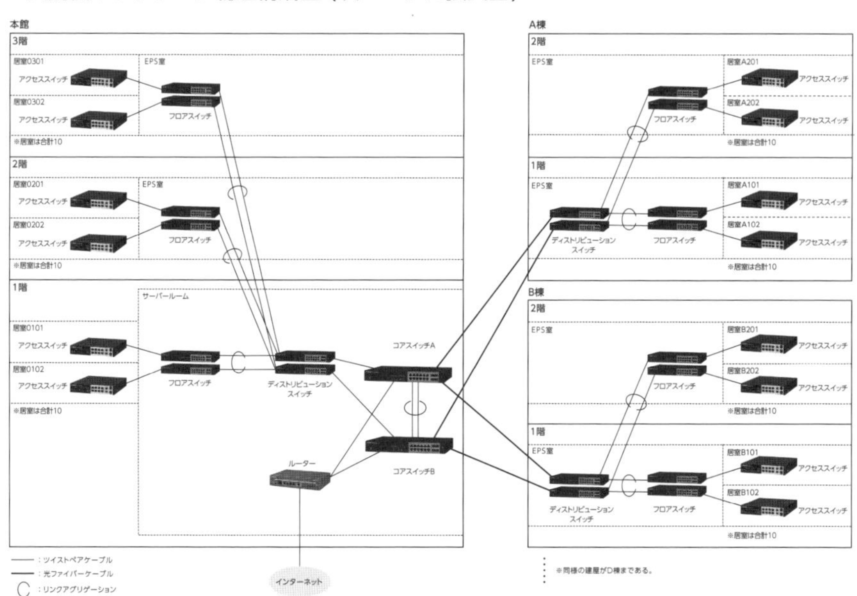

■ 大規模ネットワーク物理構成図（前ページの拡大図）

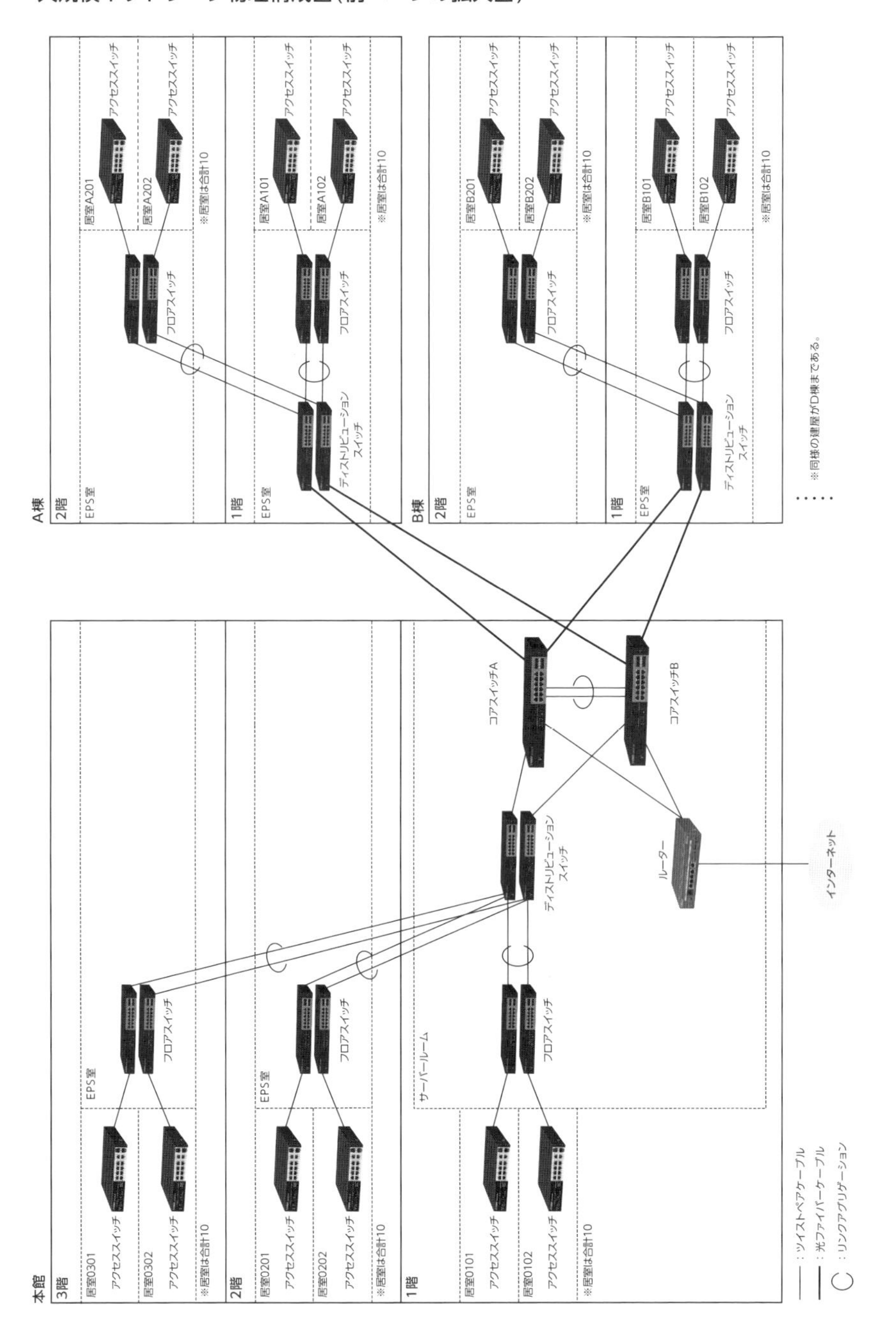

ツイストペアケーブルはすべてカテゴリ 6Aとし、1000BASE-Tか10GBASE-Tで利用します。

また、ポートはすべてデフォルトのオートネゴシエーションとします。

2.2.2 光ファイバーケーブル

光ファイバーケーブルには、マルチモードファイバー(MMF：Multi Mode Fiber)とシングルモードファイバー(SMF：Single Mode Fiber)があります。この種類によって使える規格が違い、接続距離も変わってきます。

■ 光ファイバーケーブルの種類による接続距離の違い

規格	速度	種類	最大距離
100BASE-FX	100M bps	MMF	2km
1000BASE-SX	1G bps	MMF	550m
1000BASE-LX	1G bps	SMF	5km
10GBASE-SR	10G bps	MMF	300m
10GBASE-LR	10G bps	SMF	10km

つまり、建屋間が極端に近くて1G bpsの速度でよいのであれば、マルチモードファイバーでも大丈夫ですが、距離があればシングルモードファイバーの必要があります。また、将来 10G bpsにしたい場合、シングルモードファイバーでないと通常は建屋間を接続できません (300mでは距離が短すぎます)。

今回は、シングルモードファイバーが敷設されている前提とし、1000BASE-LXを利用することとします。

2.2.3　機種選定

策定した仕様を基に、機器は以下とします。

■ 機種選定結果

種類	機種	台数
ルーター	RTX830	1
コアスイッチ	SWX3220-16MT	2
ディストリビューションスイッチ	SWX3220-16MT	10
フロアスイッチ	SWX3220-16MT	22
アクセススイッチ	SWX2310P-10G	110

※ 機種選定時は、規模・接続端末数により要求される仕様に即した機種を選定するようにします。

今回は、ルーターに RTX830 を選定していますが、利用者が多いことから通信量が多い場合は RTX1300 など性能の良い上位機種を選定する必要があります。また、小規模ネットワークの時と同じで、仕様を満たす機種であれば別の機種でも要件を満たすネットワークが構築できます。

なお、今回は SFP+スロット (光ファイバーケーブル) は使わず、建屋間もすべてツイストペアケーブルで接続するものとします (実際は、建屋間は光ファイバーケーブルで接続が必要です)。

2.2.4　IP アドレス

ネットワークは、以下の 3 つが必要です。

① ルーターをインターネットと接続するためのネットワーク
② ルーターとコアスイッチを接続するためのネットワーク
③ 各部署のネットワーク × 10

これを、論理構成図で示すと次のようになります。図中の丸数字は、上記の①から③に対応しています。

■ 大規模ネットワーク論理構成図

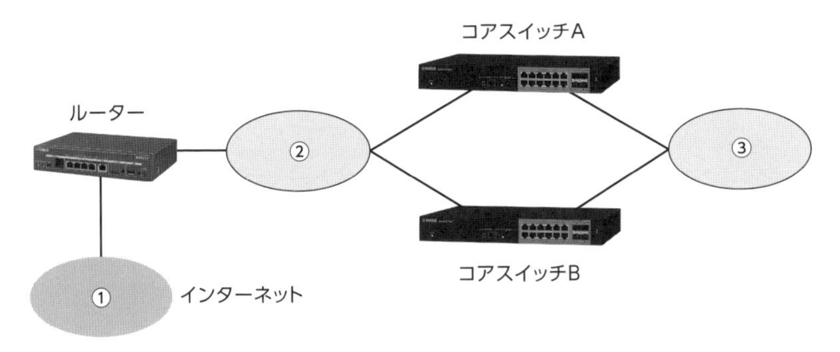

インターネットと接続する部分は、グローバルアドレスである必要があります。このため、①はISPから自動で割り当てられるグローバルアドレスを使います。

イントラネット内の②と③はプライベートアドレスを使います。複数サブネットが必要なことから172.16.0.0/16のアドレス範囲を使うこととします。

また、サブネットマスクは小規模ネットワークと同じ理由で255.255.255.0とします。

上記を基に、各ネットワークのサブネット範囲を以下とします。

■ サブネット範囲

項	サブネット	サブネットマスク
①	ISPから自動割り当て	ISPから自動割り当て
②	172.16.10.0	255.255.255.0
③	172.16.20.0	255.255.255.0
③	172.16.30.0	255.255.255.0
③	172.16.40.0	255.255.255.0
③	172.16.50.0	255.255.255.0
③	172.16.60.0	255.255.255.0
③	172.16.70.0	255.255.255.0
③	172.16.80.0	255.255.255.0
③	172.16.90.0	255.255.255.0
③	172.16.100.0	255.255.255.0
③	172.16.110.0	255.255.255.0

③は、部署ごとにサブネットを割り当てています。この内、172.16.20.0のサブネットを情報システム部門が使うものとします。

2.2.5　DNS

DNSは、小規模ネットワークの時と同様で、ルーターをDNSフォワーダーにすることで、パソコンでDNSが利用できるようにします。

2.2.6　NAT

NATも、小規模ネットワークの時と同様で、動的IPマスカレードを利用してパソコンがインターネットを利用できるようにします。

2.2.7　リンクアグリゲーション

リンクアグリゲーションを使うと、複数のポートを1つのポートのように扱うことができます。

リンクアグリゲーションは、複数のポートに通信を負荷分散させることができます。

■ リンクアグリゲーションのしくみ

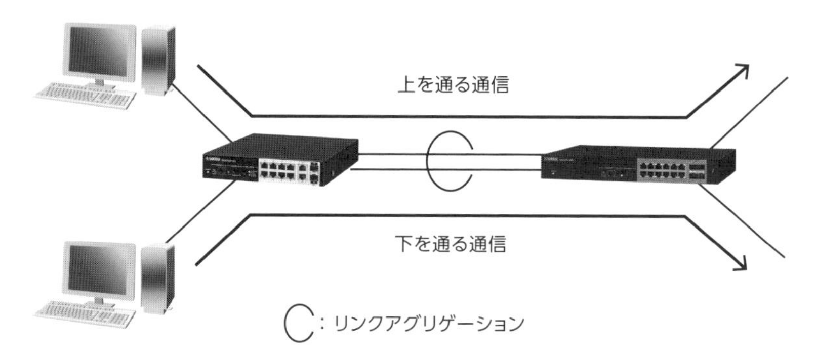

LAN スイッチ間が2本のケーブルで接続されているためループ状態ですが、スパニングツリープロトコルのようにブロッキングポートにはならず、どちらも通信が可能になります。リンクアグリゲーションのポートで受信したフレームは、同じリンクアグリゲーションを構成するポートに送らないため、ループしません。

何本のポートを束ねられるかは、装置の仕様によって異なります。たとえば、8つのポートを束ねたりできる装置もあります。束ねるポートの数が多いほど、大量の通信にも対応できます。

もし、ポートの1つがダウンした場合でも、残りのポートで通信が継続できます。

また、リンクアグリゲーションにはスタティックリンクアグリゲーション(固定設定)とLACP(Link Aggregation Control Protocol) リンクアグリゲーション(自動設定)があります。

スタティックリンクアグリゲーションの場合は、常に設定したポートはリンクアグリゲーションに組み込まれます。

LACP リンクアグリゲーションの場合は、対向装置間でLACPというプロトコルを使ってネゴシエーションした後、可能なポートだけ組み込まれます。その際、以下2つのモードがあります。

■ **LACPリンクアグリゲーションの2つのモード**

モード	説明
アクティブモード	LACP を自発的に送信し、ネゴシエーションを開始する。
パッシブモード	LACP は自発的に送信しない。相手から LACP が送信された場合は、ネゴシエーションを開始する。

このため、両方の LAN スイッチがパッシブモードの場合は、リンクアグリゲーションが構成されません。

今回の設計では、2台のコアスイッチ間、ディストリビューションスイッチとフロアスイッチの間でリンクアグリゲーションを採用します。

コアスイッチ間は、LACP リンクアグリゲーションのアクティブモードを採用します。

ディストリビューションスイッチとフロアスイッチの間では、スタティックリンクアグリゲーションを採用します。スタックをまたがるリンクアグリゲーションでは、LACP リンクアグリゲーションが使えないためです。

2.2.8　スタック

リンクアグリゲーションがポートを束ねる技術であるのに対し、スタックはLANスイッチを束ねる技術です。

■ スタックのしくみ

※2台の場合は、2本のダイレクトアタッチケーブルでループ状に接続する

LANスイッチ間は、ダイレクトアタッチケーブルという装置固有のケーブルを使ってループ状に接続します。

スタックすると、台数分の設定を行う必要がなく1台の装置として設定できます。監視を行う場合でも1台として扱えるため、多数のLANスイッチがあるネットワークでは管理を簡略化できます。

また、1台のLANスイッチでフレームを受信した場合でも、ダイレクトアタッチケーブルを通して他のLANスイッチにもフレームが送信されます。

今回は、ディストリビューションスイッチとフロアスイッチでスタックを採用します。リンクアグリゲーションも併用するため、たとえばディストリビューションスイッチが1台故障した場合でも通信は継続可能です。

■ スタックとリンクアグリゲーションを併用した冗長性

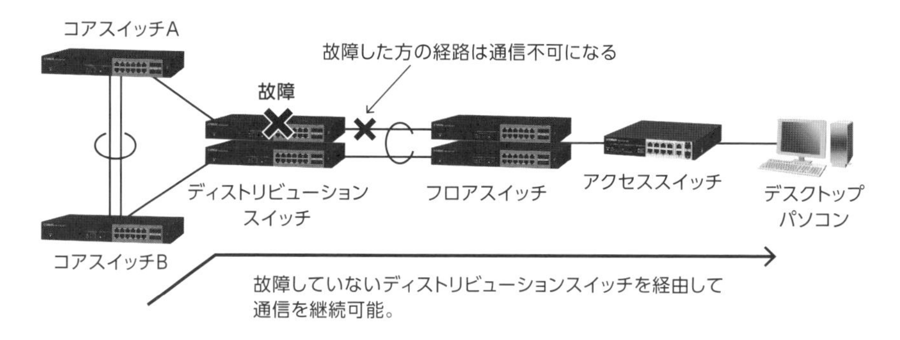

故障した LAN スイッチを交換する時は、設定がもう1台に保存されているため、再設定が不要です。接続すると、自動で設定が反映されて使えるようになります。

また、フロアスイッチの1台が故障した場合でも、アクセススイッチを故障していない方のフロアスイッチに繋ぎ変えることですぐに通信が復旧できます。復旧時間を短くしたい場合は、フロアスイッチとアクセススイッチの間もリンクアグリゲーションを採用するという設計も考えられます (アクセススイッチから、スタックされた2台のフロアスイッチにスタティックリンクアグリゲーションで接続することで、故障時に自動で経路が切り替わります)。

2.2.9 スパニングツリープロトコル

スパニングツリープロトコルは、ネットワークがループ状態の時、フレームがループしてブロードキャストストームが発生しないように、フレームを転送しないポートを作る技術です。スパニングツリープロトコルには、大きく分けて3種類あります。本書では、IEEE802.1D で規定されたスパニングツリープロトコルについて説明します。

■ スパニングツリープロトコルのしくみ

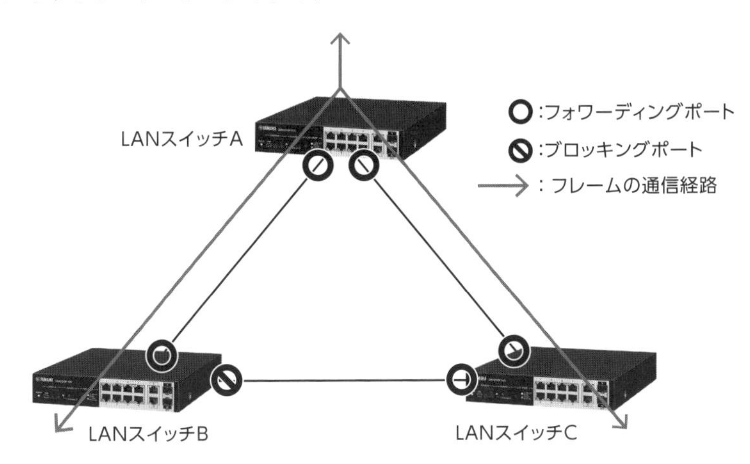

フレームを転送するポートをフォワーディングポート、転送しないポートをブロッキングポートと呼びます。この図では、LAN スイッチ B にブロッキングポートがあるため、3台の LAN スイッチ間でフレームはループしません。

もし、LAN スイッチ A と C の間で通信ができなくなった場合、このままでは LAN スイッチ C は、他の LAN スイッチを経由して通信ができなくなってしまいます (A とも B とも通信できない)。このため、LAN スイッチ B はブロッキングポートをフォワーディングポートへ自動で遷移させて、フレームの転送ができるようになります。つまり、経路が自動で切り替わるということです。これによって、LAN スイッチ C は他の LAN スイッチを経由した通信が可能になります。

■ スパニングツリープロトコルによる切り替え例

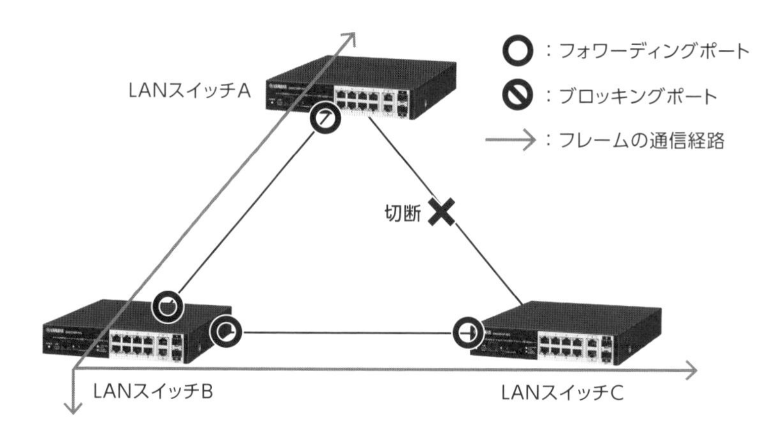

スパニングツリープロトコルでは、LAN スイッチが起動すると BPDU(Bridge Protocol Data Unit) というフレームだけを送受信し始めます。これを、リスニング状態と呼びます。

■ LANスイッチ起動時のリスニング状態

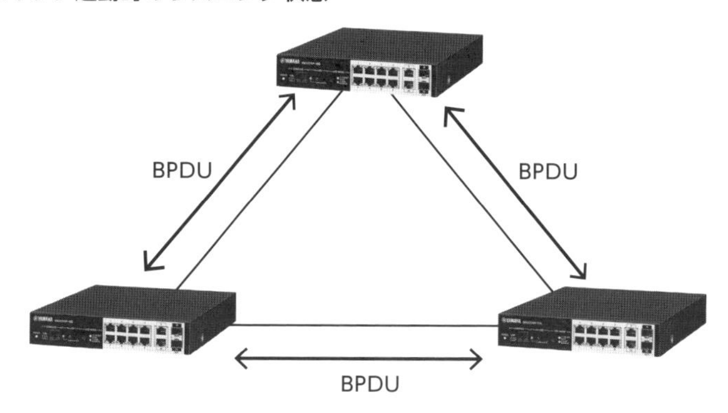

　このリスニング状態中に、BPDUに含まれるブリッジIDが小さいLANスイッチが、ルートブリッジになります。15秒後には、ルートブリッジのすべてのポートは、MACアドレステーブルを保存し始めます。これを、ラーニング状態と呼びます。

　ブリッジIDは、装置に設定したブリッジプライオリティ(優先度)+MACアドレスで決定されます。つまり、ブリッジプライオリティに同じ値を設定すると、MACアドレスが小さいLANスイッチがルートブリッジになります。逆に、ブリッジプライオリティに差があれば、MACアドレスに関係なくルートブリッジが決定されます。

■ **ブリッジプライオリティとルートブリッジ決定**

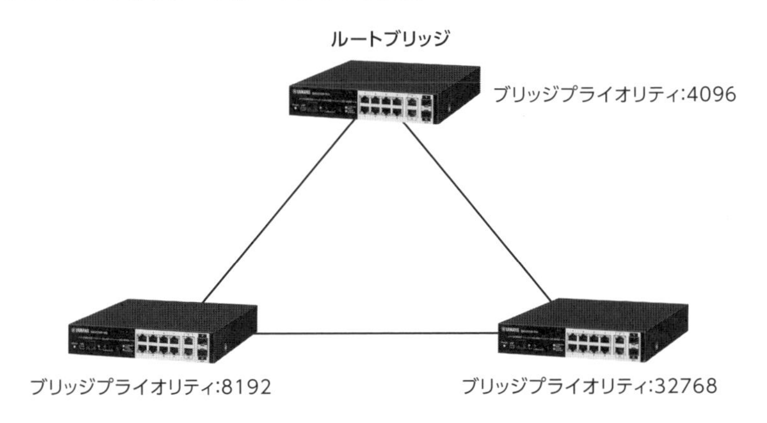

　ルートブリッジでは、ラーニング状態の15秒後にすべてのポートがフォワーディングポートになって、通常のフレームを転送し始めます。

　ルートブリッジは、デフォルトでは2秒間隔でBPDUを送信し続けます。他のLANスイッチはルートブリッジから送信されるBPDUを、送信元フィールドを自身のブリッジIDに書き換えて転送します。自身がルートブリッジにならなかったLANスイッチは、自らBPDUを生成したりしません。

　最終的に、フォワーディングポートになるか、ブロッキングポートになるか決めるのは、ルートパスコストです。LANスイッチには、各ポートにパスコストを20000などと設定します。このパスコストは、LANスイッチを経由する度に加算されます。

■ ルートパスコストはLANスイッチを経由する度に加算される

加算されたパスコストの合計が、ルートパスコストという訳です。ルートパスコストが小さい方がフォワーディングポートになり、大きい方がブロッキングポートになります。

■ ブロッキングポートの決定

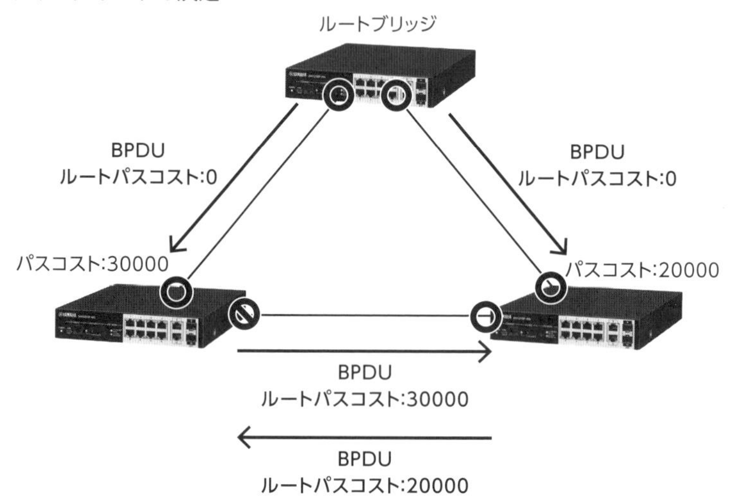

もし、ルートパスコストが同じ場合、BPDUを転送する時に送信元フィールドを自身のブリッジIDに書き換えると説明しましたが、そのブリッジIDが小さい方がフォワーディングポートになります。

スパニングツリープロトコルは、ブロッキングポートでBPDUを受信しなくなると、フォワーディングポートに遷移します。

■ 障害時の状態遷移

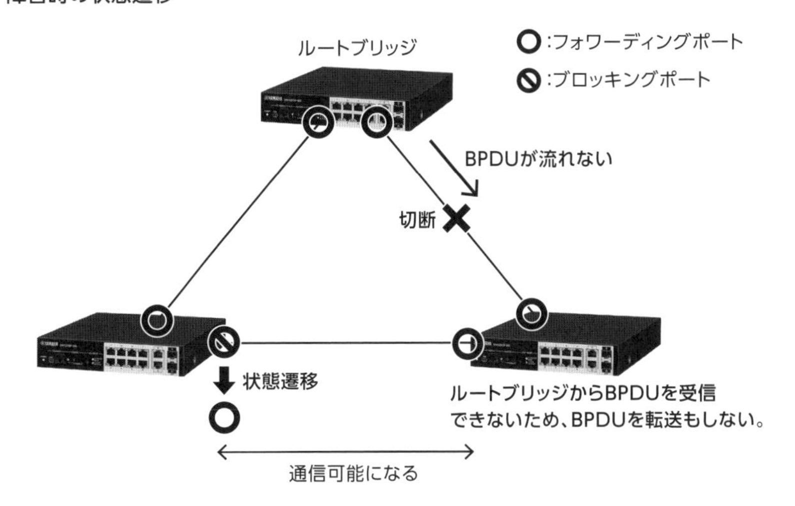

その際、いきなりフォワーディングポートになってループしないように、20秒待ってからリスニング状態(15秒)とラーニング状態(15秒)を経由して、フォワーディングポートになります。

■ スパニングツリープロトコルの状態遷移

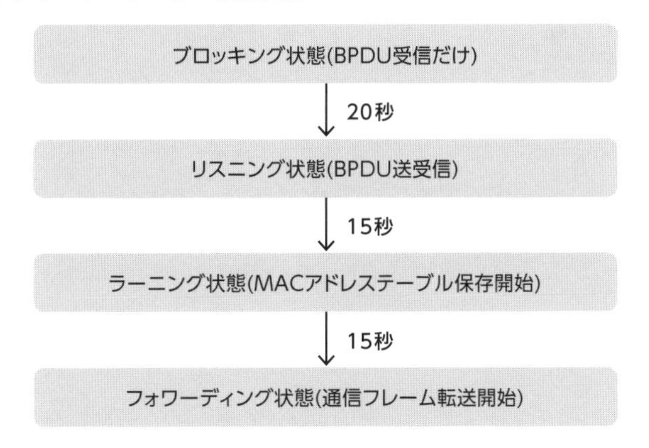

この場合、切り替えは50秒かかることになります。スパニングツリープロトコルは、このように切り替えにかなり時間がかかります。

今回は、コアスイッチ2台とディストリビューションスイッチの間でスパニングツリープロトコルを採用します。通常時に利用する経路(主系と呼びます)のコアスイッチ Aをルートブリッジとし、ディストリビューションスイッチの主系でない方のコアスイッチ Bと接続するポートがブロッキングポートになるようにします。

■ スパニングツリープロトコルの設計

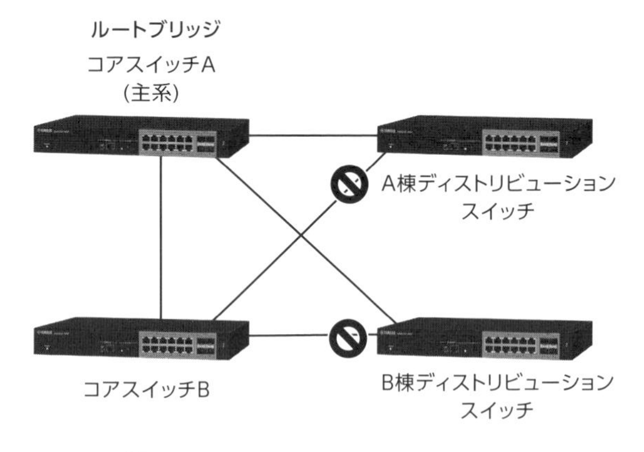

通常時、A 棟から B 棟への通信経路は、A 棟ディストリビューションスイッチ →　コアスイッチ A　→　B 棟ディストリビューションスイッチです。

もし、コアスイッチ Aが故障した場合、すべてのディストリビューションスイッチのブロッキングポートがフォワーディングに変わります。これによって、経路は A 棟ディストリビューションスイッチ　→　コアスイッチ B　→　B 棟ディストリビューションスイッチに切り替わります。

2.2.10 VLAN

VLANの割り当ては、以下とします。

■ VLANの割り当て

項	VLAN ID	サブネット
①	-	ISPから自動割り当て
-	1	172.16.1.0
②	10	172.16.10.0
③	20	172.16.20.0
③	30	172.16.30.0
③	40	172.16.40.0
③	50	172.16.50.0
③	60	172.16.60.0
③	70	172.16.70.0
③	80	172.16.80.0
③	90	172.16.90.0
③	100	172.16.100.0
③	110	172.16.110.0

小規模ネットワークの時と同じで、VLAN IDの番号とIPアドレスの3オクテット目を一致させています。

また、論理構成図で示さなかったVLAN 1(サブネット172.16.1.0)があります。これは、すべてのLANスイッチにアクセスするための管理用ネットワークとして使います。つまり、すべてのLANスイッチにこのサブネット範囲のIPアドレスを割り当てます。

小規模ネットワークの設計時は、ルーターとコアスイッチを接続するためのネットワークもVLAN 1にしていましたが、今回はVLAN 1と10で分けています。その理由は、ルーターとコアスイッチの間はOSPFを使うため、スパニングツリープロトコルを使わなくてよいようにしたいためです。

ルーターとコアスイッチの間でスパニングツリープロトコルを使った場合、次のようにルーターとコアスイッチ間もブロッキングポートができてしまいます。

■ ルーターとコアスイッチの間のブロッキングポート

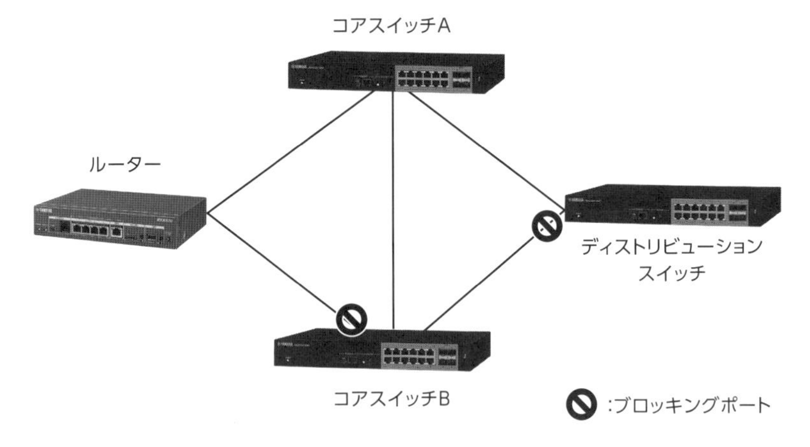

※図の簡略化のため、リンクアグリゲーションやスタック構成は省略しています。

ルーターは、スパニングツリープロトコルに対応していませんが、RTX830はBPDUを透過できるため、ルーターとコアスイッチ2台でループ構成になっても、フレームはループしません。スパニングツリープロトコルとしては、ルーターはないと同じで論理的に以下となるためです。

■ スパニングツリープロトコルの論理構成

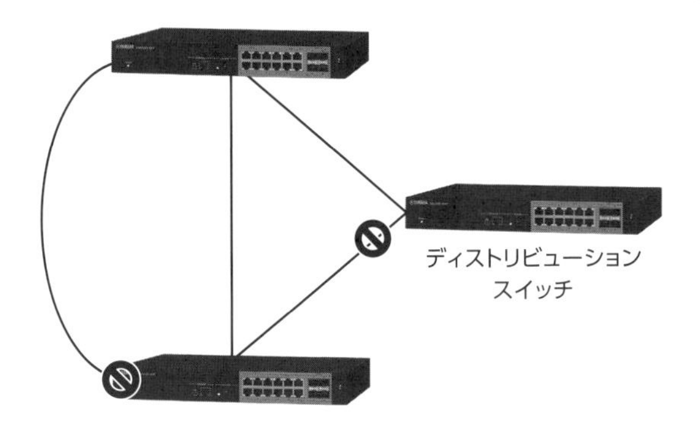

図の場合、コアスイッチAとルーター間がダウンすると、コアスイッチBのルーターと接続されたポートがフォワーディングに切り替わった後、OSPFによりコアスイッチBの経路が有効になります。つまり、切り替わりがスパニングツリープロトコルとOSPFの2段階発生することになって遅くなります。

このため、コアスイッチとルーター間はスパニングツリープロトコルを利用しなくていいように、次の図のようにVLAN 10をアクセスポートで設けます。

■ VLAN 10とその他VLANの割り当て

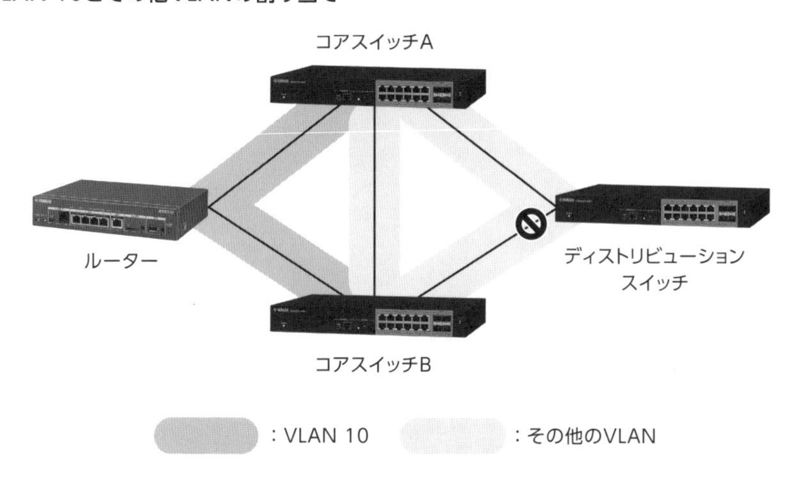

これでVLAN 10はループしないため、コアスイッチとルーター間ではスパニングツリープロトコルが動作しないようにできます。つまり、OSPFの切り替わり時間だけで経路を変更できます。

また、タグVLANを利用してすべてのアクセススイッチですべてのVLANが利用できるようにします。

■ タグVLANとポートVLAN

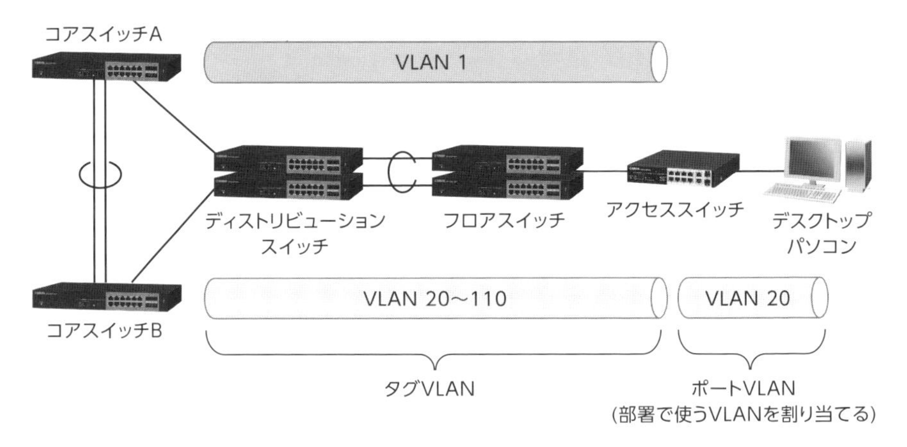

VLAN 1は管理用ネットワークですが、VLAN 20から110は、タグによってアクセススイッチまで通信できるようにして、使う人によって必要なVLANをポートVLANで割り当てます(情報システム部門ならVLAN 20、A部署ならVLAN 30などが使えるようにする)。

2.2.11 ルーティング

ルーティングは、ルーターとコアスイッチ2台の間でOSPFを使います。OSPFを使うことで、サブネットが増えた時でも自動でルーティングテーブルに反映させることができます。また、コアスイッチを冗長化しているため、障害が発生した時でも素早く切り替えが行えます。

OSPFのエリアは、3台ともバックボーンエリアに属する(つまりシングルエリア構成)とし、ルーターを指定ルーターとします。また、バックアップ指定ルーターは、コアスイッチAとします。

OSPFでは、指定ルーターがルーティング情報を集約し、他のルーターに配布します。バックアップ指定ルーターは、指定ルーターがダウンした時に指定ルーターになります。このように、経路情報をやりとりする関係を隣接関係と呼びます。

ルーターやL3スイッチを起動すると、Helloパケットをやりとりして OSPFが動作する機器を検知します。この時の機器間を、ネイバー関係と呼びます。ネイバー関係の中から優先順位にしたがって指定ルーターやバックアップ指定ルーターを決めて、隣接関係になるということです。

■ Helloパケットとネイバー、隣接関係

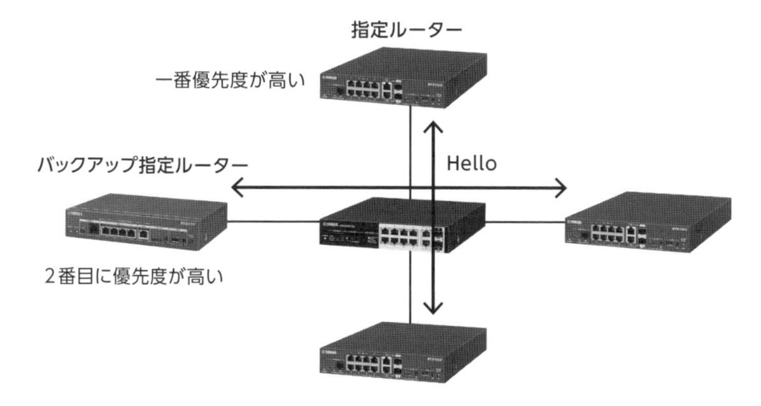

また、コストを設定して通常時はコアスイッチAを経由して通信するようにします。コストが小さい経路が優先されます。

■ ルーティングの経路

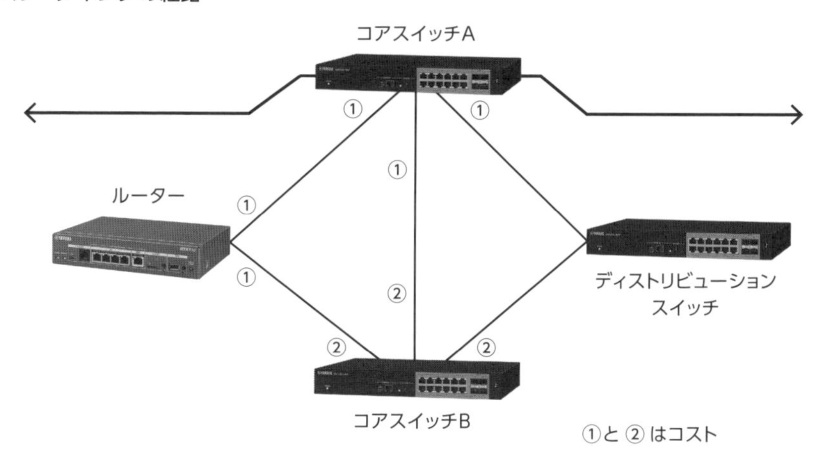

もし、コアスイッチAに障害があった場合、コアスイッチBを経由したルーティングに切り替わります。

2.2.12 VRRP

VRRPは、デフォルトゲートウェイを冗長化する技術です。

パソコンなどは、デフォルトゲートウェイがダウンするとサブネットをまたがる通信ができなくなってしまいますが、VRRPを利用することで通信を継続させることができます。

VRRPは、複数のルーターを1台の仮想的なルーターに見せることができる技術です。

■ VRRPのしくみ

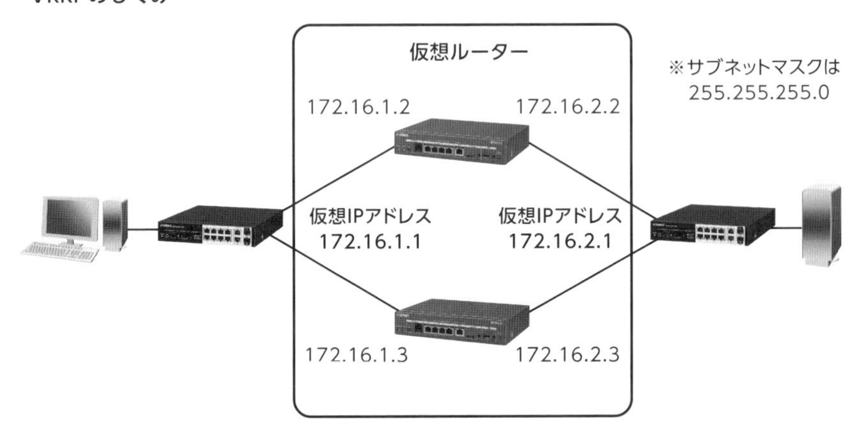

※理解しやすさのため上記で表現していますが、正確には
仮想IPアドレス単位に仮想ルーターが構成されます。

この図で、各ルーターのポートに設定されたIPアドレスに対して、172.16.1.1と172.16.2.1は仮想IPアドレスと呼ばれます。また、仮想ルーターに属するルーターの内、1台のみアクティブになります。

パソコンやサーバーは、仮想IPアドレスをデフォルトゲートウェイに設定します。仮想IPアドレスをゲートウェイとするパケットは、アクティブなルーターがルーティングを行って、サブネットをまたがる通信が可能になります。

VRRPは、VRID(Virtual Router ID)をグループ番号として使います。たとえば、VRIDが1番の2台のルーター、VRIDが2番の3台のルーターはセットとしてそれぞれ1台の仮想ルーターになります。

■ VRIDでグループ分けされる

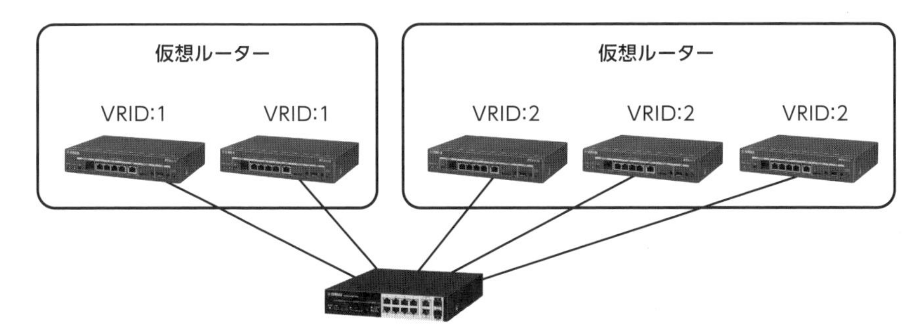

ルーターが起動されると、マルチキャストアドレスの224.0.0.18宛てにVRRPパケットを送信します。VRRPパケットにはVRIDや優先度が入っており、自身に設定されたVRIDと同じであれば同じグループと認識します。

また、優先度に従ってアクティブになるルーターが決定されます。このルーターをマスタールーターと言い、その他のルーターはバックアップルーターと言います。

仮想IPアドレスは、ルーターのポートのIPアドレスと同じにすることもできます。この場合は、仮想IPアドレスと同じIPアドレスを持つルーターがマスタールーターになります。また、別にIPアドレスを設定することも可能です。

マスタールーターは、デフォルトでは1秒間隔でVRRPパケットを送信し続けます。バックアップルーターはVRRPパケットを送信しませんが、マスタールーターのVRRPパケットを監視しています。

マスタールーターのVRRPパケットが3秒間届かない場合、マスタールーターがダウンしたと判断し、優先度に従って次のマスタールーターが決定され、新しいマスタールーターがルーティングするようになります。

■ VRRP切り替えのしくみ

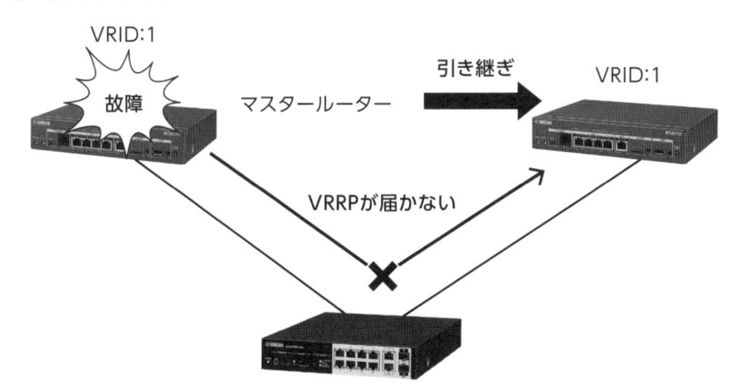

このため、3秒程度でマスタールーターのダウンを検知して切り替えが可能です。切り替わった後、ダウンしたルーターが復帰した場合、次のように動作します。

- 仮想 IP アドレスと同じ IP アドレスを持つルーターの場合
  マスタールーターに戻ります。
- 仮想 IP アドレスと同じでないルーターの場合
  プリエンプトモードが有効 (デフォルト) の場合、マスタールーターに戻ります。プリエンプトモードを無効にすると、マスタールーターに戻りません。

プリエンプトモードは、通常はデフォルト (有効) のまま使います。ただし、優先度の高いルーターが頻繁にダウンすると、その度に切り替えが発生してしまいます。このような場合は、無効にしてマスタールーターに戻らないようにします。

今回は、コアスイッチ 2 台で VRRP を使います。VLAN 20 から 110 で有効にして、仮想 IP アドレスをパソコンのデフォルトゲートウェイにします。また、VLAN 1 でも VRRP を有効にして、ディストリビューションスイッチなどのゲートウェイとして使います。

コアスイッチ A をマスタールーターにして、障害発生時はコアスイッチ B を経由した通信に切り替わるようにします。

また、プリエンプトモードは、スパニングツリープロトコルのフォワーディングポートと一致させるため、常にコアスイッチ A がマスタールーターに戻るように有効にしたままとします。

もし、プリエンプトモードを無効にした場合、コアスイッチ A が故障から復旧した時、次のような通信経路になる可能性があります。

■ プリエンプトモードを無効にした場合の通信経路

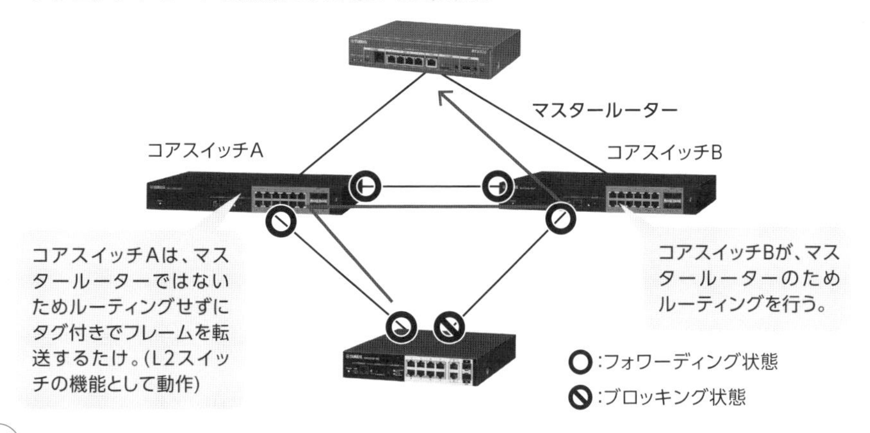

通信は可能ですが、コアスイッチ 2 台を経由していて、あまりよい経路とは言えません。プリエンプトモードが有効の場合は、コアスイッチ Aがマスタールーターに戻るため、コアスイッチ Aだけを経由して通信が可能になります。

2.2.13 IPsec

「本社にあるサーバーを安全に利用したい。」という要望があるため、IPsecを採用します。

IPsecは、拠点間接続 VPNを実現する技術です。拠点間接続 VPNは、インターネットを利用して安全なネットワークとして接続する時に使います。

■ **拠点間接続VPN**

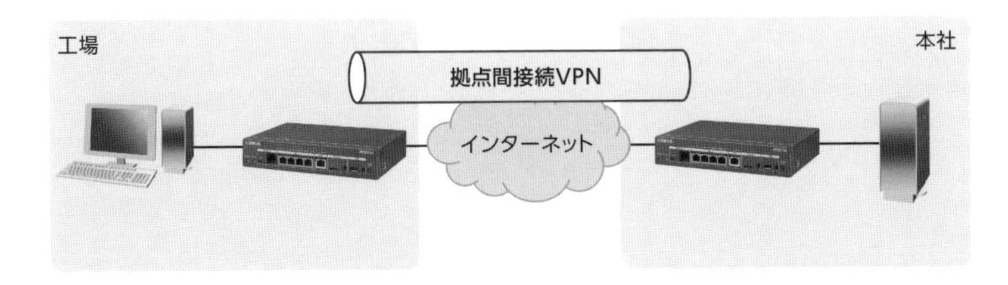

IPsecは、認証と暗号化のしくみを持っているため、インターネットを経由しても安全な通信が行えます。

■ IPsecのしくみ

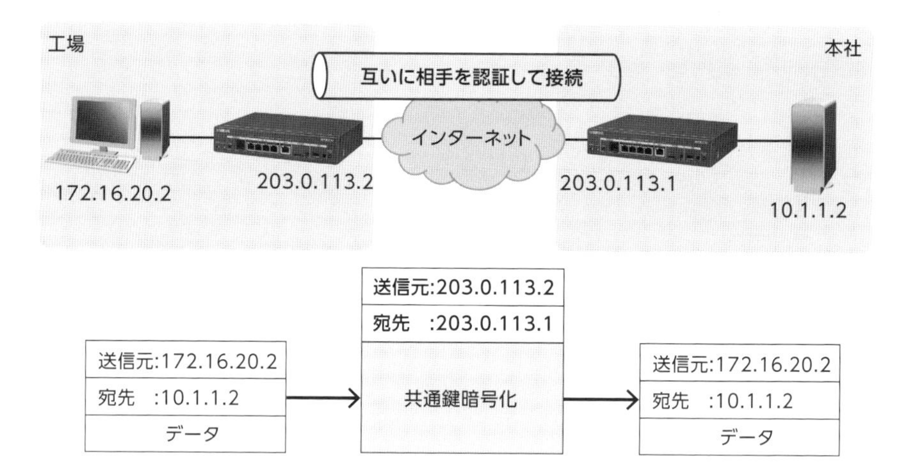

IPsecには、メインモードとアグレッシブモードがあります。

メインモードは、本社も工場もISPから固定でIPアドレス(変わらないグローバルアドレス)を割り当てられているときに使えます。アグレッシブモードは、どちらか一方が固定で、他方が自動でIPアドレス(動的に変わるグローバルアドレス)が設定される場合に使います。

このため、少なくとも片側はISPから固定のIPアドレスを割り当ててもらう必要があります。固定か自動のIPアドレスかはISPとの契約によります。固定のIPアドレスにすると、通常は費用が若干高くなります。

■ 拠点間をIPsecで接続するときは、固定のIPアドレスが必要

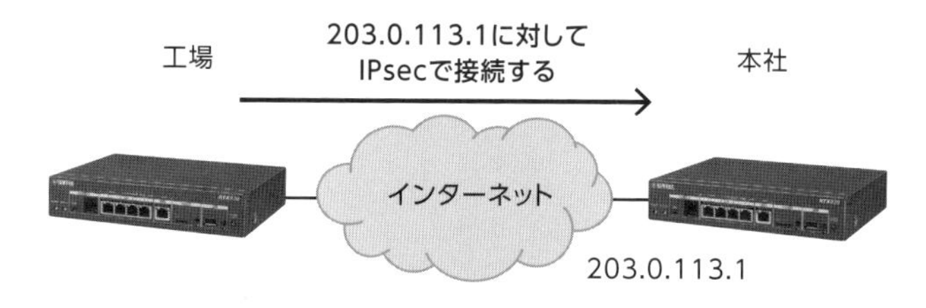

IPsecで接続する時は、上記のとおり宛先をIPアドレスで指定します。このIPアドレスが変わると、IPsecで接続できなくなります。

メインモードであれば両方が固定IPアドレスなので、どちらからでも接続を開始できます。アグレッシブモードの場合は、動的に変わるIPアドレス側からしか

IPsec の接続を開始できません。ただし、どちらから接続した場合でも IPsecで接続を確立した後は、拠点間の通信は双方向で行えます。

なお、IPsecの接続先は、FQDNでも設定できます。このため、ネットボランチDNSを利用して、取得したFQDNを設定すると固定の IP アドレスがなくても接続可能になります。

今回は、ネットボランチ DNSを利用せず、本社側が固定の IP アドレス、工場側が動的に変わる IP アドレスの前提とします。このため、アグレッシブモードを利用します。

2.2.14 ポート認証機能

ポート認証機能とは、パソコンにログイン時や通信開始時に認証を行い、成功した時だけ通信が許可されるしくみです。

認証を受け持つサーバーを認証サーバー、認証の中継を行い実際の通信を許可・遮断する機器をオーセンティケータ、認証を受ける機器をサプリカントと呼びます。

■ ポート認証機能のしくみ

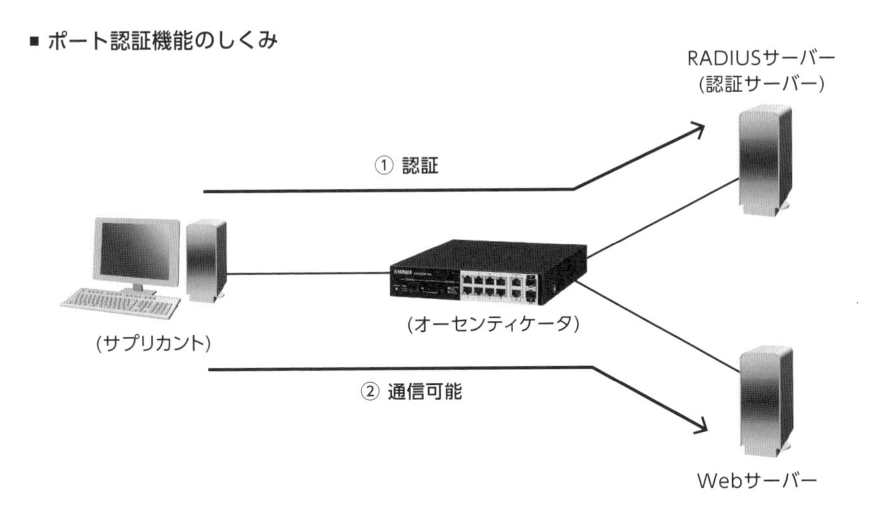

この図では、RADIUS サーバーが認証サーバー、LAN スイッチがオーセンティケータ、パソコンがサプリカントになります。

ポート認証機能は、3種類あります。

- IEEE 802.1X 認証
  ソフトウェアを起動して、ユーザー ID とパスワードを入力するなどで認証します。
- MAC 認証
  通信フレームの MAC アドレスを元に認証します。
- Web 認証
  Web サーバーに接続して、ユーザー ID とパスワードを入力して認証します。

次からは、それぞれの認証方法やホストモードについて説明します。

IEEE802.1X 認証

IEEE802.1X 認証は、Windows も MacOS も標準でサポートされています。IEEE802.1X 認証を有効にしていると、パソコンの起動時にユーザー ID とパスワードの入力を求められます (もしくは、事前に設定しておきます)。その後、EAP(Extended Authentication Protocol) を送信し、LAN スイッチが中継して RADIUS サーバーで認証が行われます。認証が成功すれば、ネットワークが利用可能になります。

■ IEEE802.1X認証のしくみ

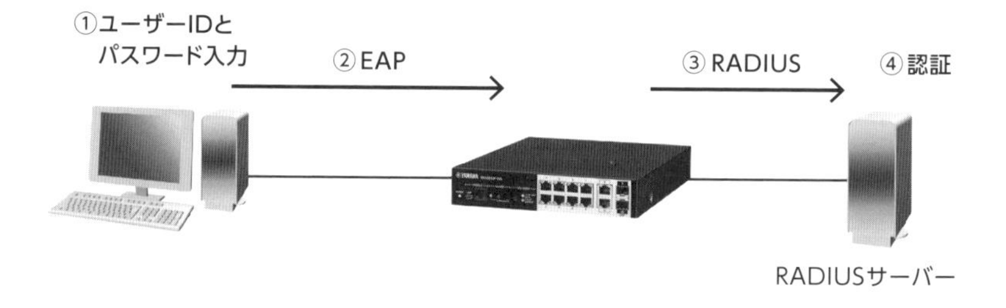

RADIUS サーバーには、利用者のユーザー ID とパスワードを登録しておく必要があります。

MAC 認証

パソコンからフレームを送信した時、LAN スイッチから RADIUS サーバーに MAC アドレスでの認証要求が送信され、認証が成功すればネットワークが利用可能になります。

■ MAC認証のしくみ

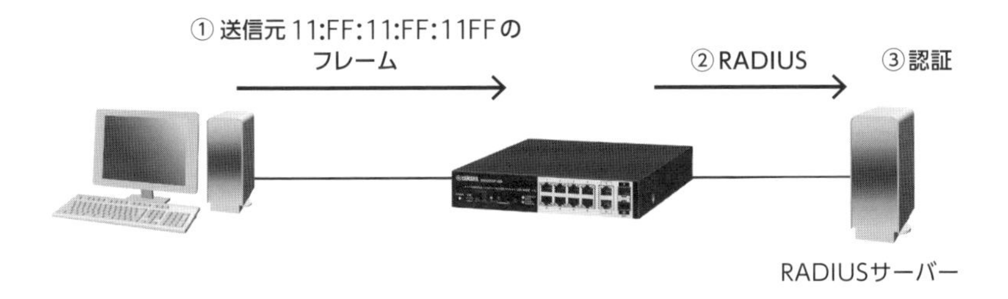

RADIUS サーバーには、利用可能な MAC アドレスをユーザーとして登録しておく必要があります。

Web 認証

パソコンから LAN スイッチの Web 画面 (Web 認証の画面) を開き、ユーザー ID とパスワードを入力します。LAN スイッチから RADIUS サーバーに Web 画面に入力された情報で認証要求が送信され、認証が成功すればネットワークが利用可能になります。

■ Web認証のしくみ

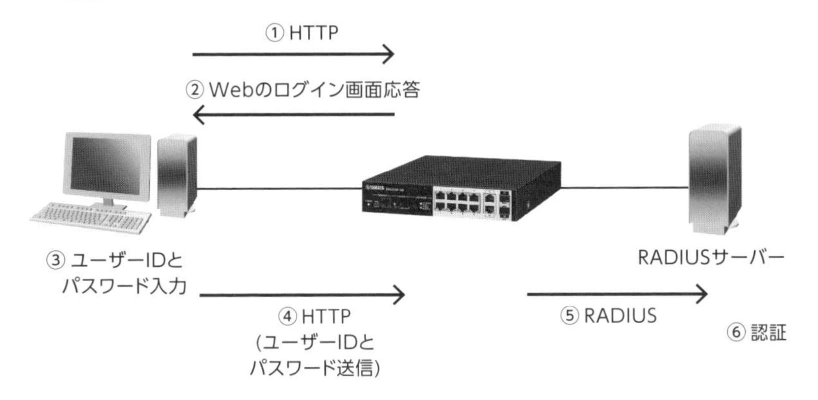

RADIUS サーバーには、利用者のユーザー ID を登録しておく必要があります。また、IEEE802.1X や MAC 認証と違って、パソコンから LAN スイッチに IP 通信できる必要があるため (HTTP は IP 通信)、固定で IP アドレスを設定するなど認証前に IP アドレスが設定されている必要があります。

ホストモード

パソコンがオーセンティケータとなるLANスイッチに直接接続されている場合は問題ありませんが、間にオーセンティケータとならないLANスイッチがある場合は、ホストモードに気を付ける必要があります。

以下のネットワークがあったとします。

■ ホストモードを説明するためのネットワーク

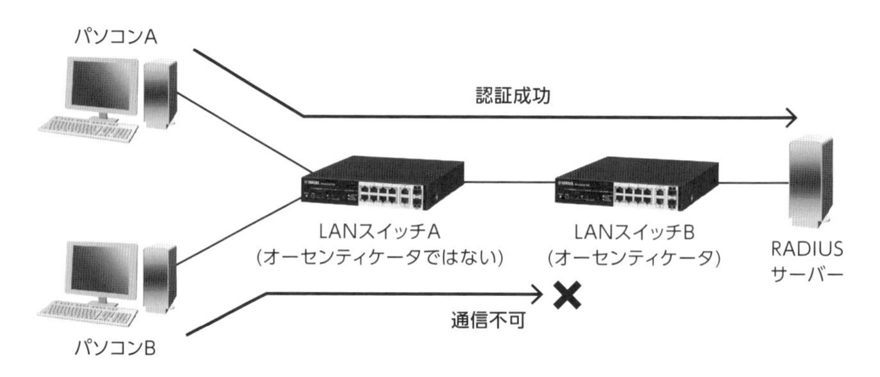

この時、パソコンAで認証が成功すると、LANスイッチBはそのMACアドレスを覚えておき、暫くはそのMACアドレスを送信元とするフレームだけを許可したとします。この場合、パソコンBが通信できなくなってしまいます。この動きを変えるのがホストモードで、以下の3種類あります。

- シングルホストモード
  最初に認証が成功したパソコンだけ使えるようにします。パソコンが直結されている時に選択します。
- マルチホストモード
  最初に認証が成功すると、認証が成功したパソコン以外もネットワークが使えるようになります。
- マルチサプリカントモード
  最初に認証が成功しても、他のパソコンはネットワークを使えませんが、そのパソコンで認証が成功すれば使えるようになります。各パソコン単位で認証する方法です。

今回の設計

今回の設計では、すべてのアクセススイッチでポート認証を使います。認証方法は、IEEE802.1X 認証とします。

ホストモードは、シングルホストモードとします。アクセススイッチにパソコンが直結されているためです。

2台のコアスイッチを RADIUS サーバーとします。2台にするのは、1台が故障しても認証が行えるようにするためです。

2.2.15 NTP

NTPは、小規模ネットワークの時と同様で、ルーターはNICTの NTP サーバー（1章の1.3.9項「NTP」参照）に同期します。ルーターを SNTP サーバーに設定し、LAN スイッチはルーターに同期するようにします。

2.2.16 ループ検出

ループ検出も小規模ネットワークの時と同様で、すべての LAN スイッチの全ポートで有効にします。

2.2.17 SNMP

SNMPは、構成や稼働情報を収集できる MIB(Management Information Base)と、障害発生などを通知する TRAP によって、管理・監視を行います。

■ SNMPのしくみ

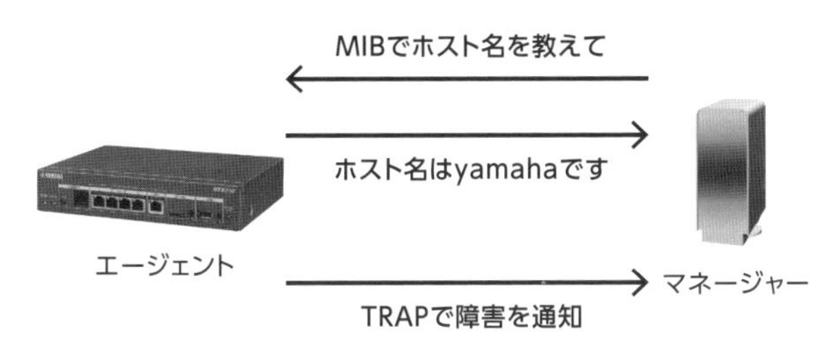

SNMPによって管理・監視される側をエージェント、管理・監視する側をマネージャーと言います。エージェントは、LANスイッチやルーターなどです。マネージャーは、サーバー上にOSS(Open Source Software)などで構築します。

マネージャーは、エージェントに対してMIBの値を要求（Read）します。MIBには、ホスト名(システム名)やポートがUP／DONWしている、通信量などの情報があります。また、MIBの値を書き換える(Write)こともできます。

TRAPは、装置に障害が発生したときなど、エージェントからマネージャーに通知するものです。

SNMPには、バージョンがあります。以下は、各バージョンの説明です。

■ SNMPのバージョン

バージョン	説明
SNMPv1	MIBの値を1つずつ取得します。TRAPはUDPで送信し、応答がありません。コミュニティ名で認証します。
SNMPv2c	MIBの値を1度に複数取得できます。TRAPだけでなく、Informで通知が可能です。Informでは、通知に対して応答を求め、応答がないと再送することができます。コミュニティ名で認証します。
SNMPv3	コミュニティ名ではなく、ユーザー名とパスワードで認証します。また、暗号化することもできます。

コミュニティ名とは、パスワードのようなものです。エージェントとマネージャーの間で、設定したコミュニティ名が一致している必要があります。また、コミュニティ名は平文で送信されるため、途中で傍受される可能性があります。

SNMPv3では、SNMPv2cから比較すると、以下のようにセキュリティ面で大幅な強化がされています。

- **SNMPエンティティ**
  マネージャーとエージェントの名称を廃止し、SNMPエンティティと表現します。SNMPエンティティは、1つのSNMPエンジンを持ち、エンティティを特定する識別子として使われます。
- **VACM(View-based Access Control Model)**
  SNMPを利用できるユーザーを作成してグループ分けし、グループがアクセスできるMIBに制限をかけることができます。

● USM(User-based Security Model)

ユーザーの認証時にハッシュを使います。このため、コミュニティ名で認証する SNMPv1 や v2c と比べて、傍受される危険が少なくなります。

LAN マップで、ルーターが監視できるエージェントの数は最大 64 台です。今回は、LAN スイッチがこの数を超えるため、LAN マップを使わずに SNMP による監視を行います。また、設計が簡単でよく利用されている SNMPv2c を利用することにします。

2.2.18　補足

実際の設計においては、ケーブルの手配や装置の物理的な配置、電源なども考慮します。ここでは、そのポイントについて解説します。

光ファイバーケーブル

屋外に敷設した光ファイバーケーブルは、建屋内に引き込まれた後、必ずしも LAN スイッチのところまで配線される訳ではありません。通常は、コネクターボックスと言われる箱型のボックスまでしか配線されていません。このため、コネクターボックスから別途光ファイバーケーブルで LAN スイッチまで配線する必要があります。

コネクターボックス内は、前面と裏面に SC コネクターを挿せるジョイントがあるため、裏面に屋外からの光ファイバーケーブルが差し込んであれば、前面に SC コネクターの光ファイバーケーブルを差し込みます。LAN スイッチは LC コネクターなので、この光ファイバーケーブルの両端は SC コネクターと LC コネクターの必要があります。この短い光ファイバーケーブルを特に、パッチケーブルとも呼びます。

■ 屋外の光ファイバーケーブル敷設とコネクターボックス、パッチケーブル

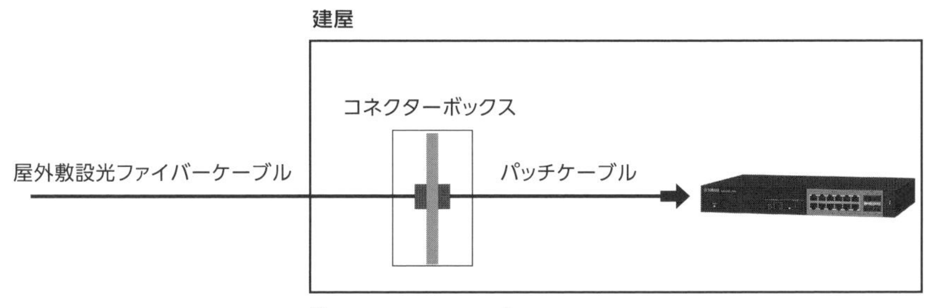

また、光ファイバーケーブルが多い場合は、パッチパネルと言ってジョイントがたくさん付いたものが設置されていることがあります。この場合、屋外の光ファイバーケーブルは、パッチパネルまで配線されているため、パッチケーブルでパッチパネルから LAN スイッチまで配線を行います。

■ パッチパネル

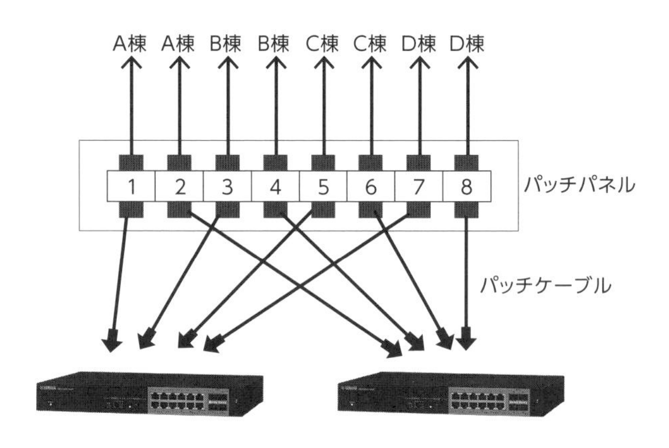

※パッチパネルがLCコネクターのものもあります。

この例であれば、パッチパネルの1番目と2番目は、A 棟と接続されています。このため、A 棟のディストリビューションスイッチと接続するためには、1番目と2番目に光ファイバーケーブルの SC コネクターを差し込み、もう片方の LC コネクターをコアスイッチの A 棟と接続するためのポートに差し込めばよいことになります。

このように、新規にネットワークを構築する時は、パッチケーブルの手配と敷設が必要な場合があります。また、すでにネットワークがあってリプレースする時、パッチケーブルがあってもそれが使えるのかは確認が必要です。

情報通信機器は、買い取りではなくてリース (リース会社から借りて月額で支払う) 品で構築することも多くあります。その際、パッチケーブルもリース品のことがあり、この場合は既存機器を撤去 (リース会社に返却) する際に、パッチケーブルも返却されてしまいます。この場合は、リプレース時でもパッチケーブルの手配と敷設が必要です。

電源

停電が発生すると、ネットワーク機器がダウンしてネットワーク全体が使えなくなってしまいます。これを少しでも防ぐ対策として UPS(Uninterruptible Power

Supply)があります。

UPSは無停電電源装置と言って、停電時にバッテリーから電源を供給する装置です。数万円から数十万円のものはバッテリーも数分から数十分と長くは持たないため、瞬断対策が主な目的になります。また、落雷があった場合は電源を伝わって最悪機器が壊れてしまいますが、UPSでは落雷対策があるためLANスイッチが壊れるのを防ぐことができます。

UPSは、LANスイッチの電源コードをUPSに接続し、UPSの電源コードは電源コンセントに接続して利用します。

■ UPSの利用方法

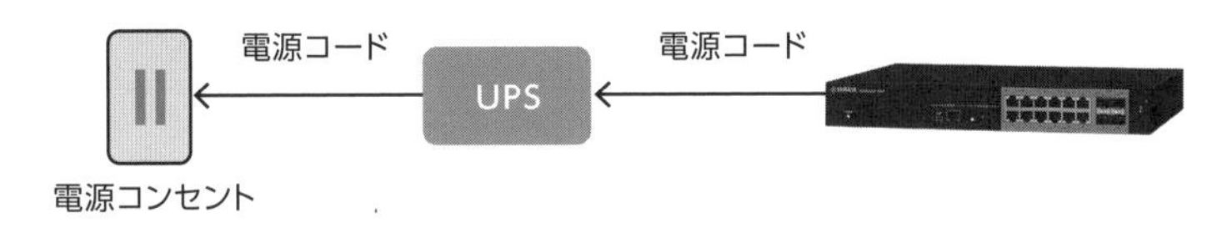

UPSには、以下のような方式があります。

■ UPSの方式

方式	説明
常時商用給電方式	商用電源をそのまま出力するため、停電などでバッテリーに切り替える際に機器がダウンする可能性があります。
常時インバータ給電方式	インバータなどの回路を利用して、電圧低下や停電時でも瞬断しません。
ラインインタラクティブ方式	変圧器で電圧を整えて出力します。停電時はバッテリー切り替えのため瞬断しますが、数msなどで機器がダウンする可能性はほとんどありません。

一般的に価格は、常時商用給電方式 ＜ ラインインタラクティブ方式 ＜ 常時インバータ給電方式の順に高くなります。

ラインインタラクティブ方式は、常時商用給電方式と常時インバータ給電方式の中間のような機能です。常時インバータ給電方式であれば電圧低下や停電時でもダウンしませんが、かなり高価です。企業向けのラインインタラクティブ方式であれば、情報通信機器で利用することを前提として作られているため、まずダウンしないと思います。価格を抑えたい時は、ラインインタラクティブ方式がお薦めです。

UPSは、ネットワーク機器の消費電力をまかなえる定格容量が必要です。たとえば、400Wの消費電力を持つLANスイッチであれば500Wの定格容量を持つUPSを選択するなど、余裕を持った機種を選択します。複数のネットワーク機器を1台のUPSに接続する場合は、消費電力を合計した値をまかなえる必要があります。

なお、重要な施設では建物自体にCVCF(Constant Voltage Constant Frequency)という大きな無停電電源装置が備わっていることがあるため、別途用意は不要です。

ルーターやLANスイッチの設置

ルーターやコアスイッチは床の上などに設置しても大丈夫ですが、サーバールームや計算機室ではたくさんのサーバーが置かれるため、設置スペースに限りがあります。

ラックを設置すると、ラック内に複数のサーバーやLANスイッチを積み重ねて設置できるため、設置スペースを節約できます。企業向けのラックとして代表的なものは、19インチラックです。機器を収容してネジ留めしますが、その幅が19インチのためこう呼ばれています。

■ 19インチラック

機器を何台収容できるかはU数によります。たとえば、42Uのものであれば1Uの高さがあるLANスイッチを42台収容できます。1Uは44.45mmです。U数が多くなるほど19インチラックの高さは高くなります。UPSやコアスイッチなどは3U、4Uなど複数占有するものもあります。安定性のためUPSなど重い装置を下にし、軽い装置を上に配置するようにします。

EPSなど狭い場所で、19インチラックを設置するスペースがない場合は、LANスイッチを床置きすると邪魔になったり埃などで故障の原因になったりするため、小さなボックスなどで収容することも検討します。

まとめ：2.2　大規模ネットワークの方式設計

- 利用者冗長化されたネットワークでは、通常時の通信経路だけでなく、障害が発生した時に経路がどのように切り替わるかも考えて設計する。
- IPsecには、メインモードとアグレッシブモードがある。メインモードは、双方で固定のIPアドレスが必要だが、アグレッシブモードは片方が動的なIPアドレスでも接続ができる。
- ポート認証には、IEEE802.1X認証、MAC認証、Web認証がある。ホストモードには、シングルホストモード、マルチホストモード、マルチサプリカントモードがある。

2.3 大規模ネットワークの詳細設計

ここでは、方式設計に基づいて実際のパラメーターを決める詳細設計を行います。小規模ネットワークの時と同じで、パラメーター全体は設定工程で説明するため、ここではポイントのみ説明します。

2.3.1 小規模ネットワークと同様の設計内容

次に示す内容は、小規模ネットワークの詳細設計とほとんど同じ内容のため割愛します。

- 初期設定内容
- VLAN 1 の IP アドレス (コアスイッチ 2 台以外の IP アドレス)
- PPPoE
- DNS
- NAT
- NTP

なお、コアスイッチ 2 台に割り当てる VLAN 1 の IP アドレスと、その他 VLAN の IP アドレスは、本章で設計します。

2.3.2　ポートの接続設計

今回は規模が大きいため、機器間の接続 (どの機器のどのポートと、どの機器のどのポートを接続するのか) をまとめます。

最初は、ルーター、コアスイッチ 2 台、ディストリビューションスイッチ間の接続です。

■ **ルーター、コアスイッチ2台、ディストリビューションスイッチ間の接続**

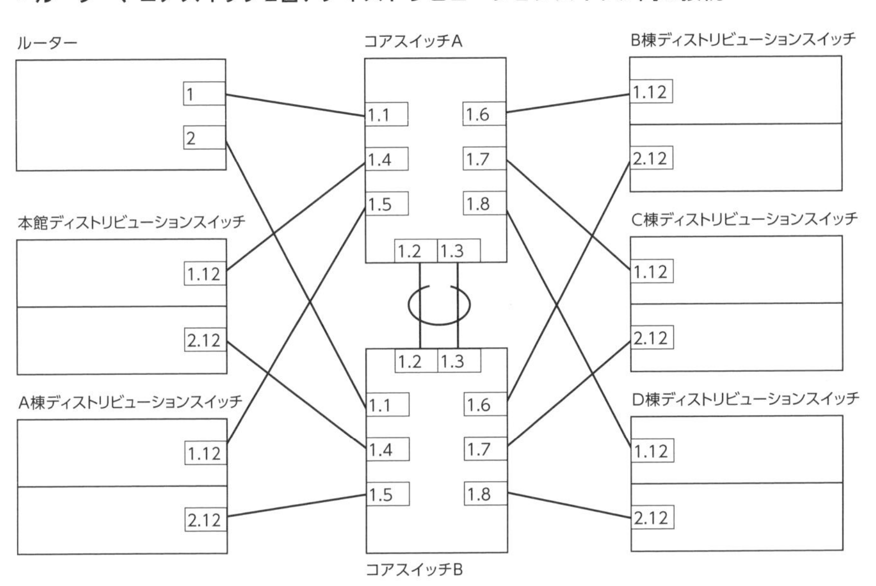

数字の 1.1 や 2.12 などがポート番号です。最初の数字 (2.12 であれば 2) が、スタック ID(スタックした時の装置番号) です。1.1 であれば 1 台目、2.12 であれば 2 台目の LAN スイッチのポート番号を示します。

コアスイッチ間の接続は同じポート番号 (ともに port1.2 と port1.3 を使う)、ディストリビューションスイッチがコアスイッチと接続するポートは 1.12 と 2.12 で統一するなど、なるべく覚えやすくするとよいと思います。

次は、ディストリビューションスイッチ、フロアスイッチ、アクセススイッチ間の接続です。本館だけ 3 階までありますが、それ以外はすべて同じ接続とします。

■ ディストリビューションスイッチ、フロアスイッチ、アクセススイッチ間の接続

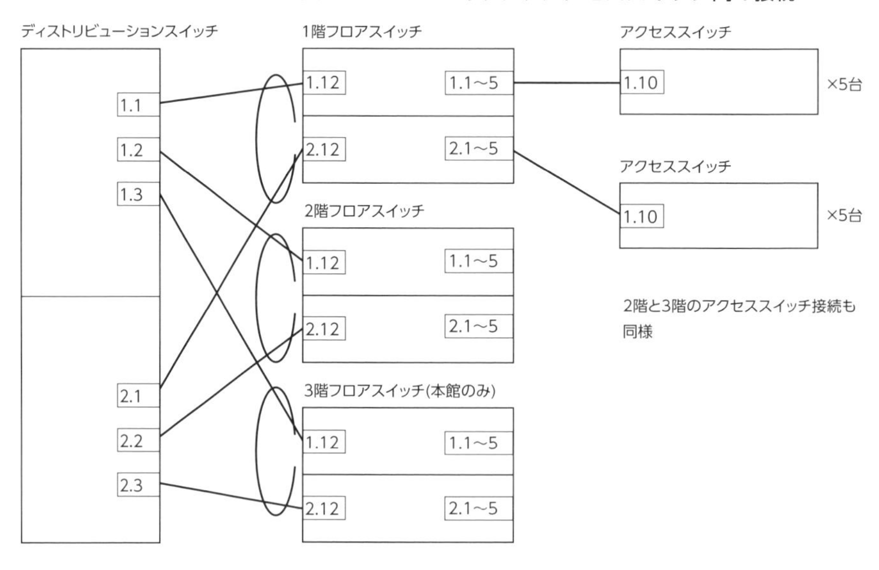

今回は図で示しましたが、規模が大きくなると図にするのは大変なので、接続表で管理することもあります。以下は、コアスイッチ A の例です。

■ コアスイッチAの接続表

ポート番号	接続先	接続先ポート番号
1.1	ルーター	1
1.2	コアスイッチ B	1.2
1.3	コアスイッチ B	1.3
1.4	本館ディストリビューションスイッチ	1.12
1.5	A 棟ディストリビューションスイッチ	1.12
1.6	B 棟ディストリビューションスイッチ	1.12
1.7	C 棟ディストリビューションスイッチ	1.12
1.8	D 棟ディストリビューションスイッチ	1.12
1.9	-	
1.10	-	
1.11		
1.12		

2.3.3 リンクアグリゲーション

リンクアグリゲーションでは、論理インターフェース番号とリンクアグリゲーションに含めるポート番号を設計します。

最初は、コアスイッチ間です。

■ コアスイッチ間のリンクアグリゲーション

機器 1			機器 2		
機器	po	ポート番号	機器	po	ポート番号
コアスイッチ A	1	1.2、1.3	コアスイッチ B	1	1.2、1.3

poは、LACP リンクアグリゲーションを利用した時の論理インターフェース番号を示します。リンクアグリゲーションを設定する際、論理インターフェースの番号を指定しますが、同じ番号のものが1つのリンクアグリゲーションに組み込まれます。この例であれば、ポート 1.2 と 1.3 に論理インターフェース番号 1 を設定すると、po1 というリンクアグリゲーションの論理インターフェースが作成されて、1 つのインターフェースのように使えるということです。

次は、ディストリビューションスイッチとフロアスイッチ間です。

■ ディストリビューションスイッチとフロアスイッチ間のリンクアグリゲーション

機器 1			機器 2		
機器	sa	ポート番号	機器	sa	ポート番号
ディストリビューションスイッチ	1	1.1、2.1	1 階フロアスイッチ	1	1.12、2.12
	2	1.2、2.2	2 階フロアスイッチ	1	1.12、2.12
	3	1.3、2.3	3 階フロアスイッチ	1	1.12、2.12

saは、スタティックリンクアグリゲーションを利用した時の論理インターフェース番号を示します。

すべてのディストリビューションスイッチで設定は同じですが、sa3 を作るのは本館だけです (3階フロアスイッチを接続するのは本館だけのため)。

この設計のように、ディストリビューションスイッチから異なるフロアスイッチと接続する時は、論理インターフェース番号を 1、2、3 と変える必要があります (同じ番号だと、1 つのリンクアグリゲーションに組み込まれます)。

また、論理インターフェース番号は接続先と一致させる必要はないため、わかりやすいようにフロアスイッチ側は1(論理インターフェースの sa1) で統一しています。

2.3.4 スタック

ヤマハ LAN スイッチでは、スタックを構成する際にスタック ID という番号を使うことは説明しました。スタック IDが1(デフォルト)の LAN スイッチがメインスイッチとなり、スタック全体を管理します。また、スタック IDが 1 以外の LAN スイッチはメンバースイッチとなり、スタックを構成するメンバーになります。

このため、メンバースイッチ側のスタック IDを 2 に変更し、ポート番号が2.xになるようにします。また、ダイレクトアタッチケーブルは、以下のように接続します。

■ ダイレクトアタッチケーブルでの接続方法

接続元機器	接続元ポート	接続先機器	接続先ポート
メインスイッチ	port1.15	メンバースイッチ	port2.16
メインスイッチ	port1.16	メンバースイッチ	port2.15

2.3.5 スパニングツリープロトコル

コアスイッチ Aをルートブリッジにし、ディストリビューションスイッチのコアスイッチ Bと接続するポートをブロッキングにするため、ブリッジプライオリティを以下に設定します。

■ ブリッジプライオリティの設計

コアスイッチ A	コアスイッチ B	その他
4096	8192	デフォルト (32768)

これで、コアスイッチ A がルートブリッジになります。また、コアスイッチ A が故障した時は、コアスイッチ B がルートブリッジになります。

どこがブロッキングポートになるかですが、まずルートブリッジであるコアスイッチ A と接続したポートはブロッキングポートになりません。次に、コアスイッチ A からのルートパスコストが同じ場合、ブリッジプライオリティが小さいコアスイッチ B はフォワーディングになります。つまり、方式設計のとおりに各ディストリビューションスイッチのコアスイッチ B と接続したポート (2.12) がブロッキングポートになります。

2.3.6 IP アドレス

VLAN 10 は、ルーターとコアスイッチ 2 台に IP アドレスを設定して、OSPF でルーティングを行います。また、その他 VLAN もルーティングを行うため IP アドレスが必要です。

その時のルーターとコアスイッチ 2 台の IP アドレスは、以下のとおりとします。

■ ルーターとコアスイッチ2台のIPアドレス

VLAN	ルーター	コアスイッチ A	コアスイッチ B
1	-	172.16.1.2	172.16.1.3
10	172.16.10.1	172.16.10.2	172.16.10.3
20	-	172.16.20.2	172.16.20.3
30	-	172.16.30.2	172.16.30.3
40	-	172.16.40.2	172.16.40.3
50	-	172.16.50.2	172.16.50.3
60	-	172.16.60.2	172.16.60.3
70	-	172.16.70.2	172.16.70.3
80	-	172.16.80.2	172.16.80.3
90	-	172.16.90.2	172.16.90.3
100	-	172.16.100.2	172.16.100.3
110	-	172.16.110.2	172.16.110.3

2.3.7 VLAN

VLANは、各機器のポートで以下のように割り当てます。

VLANを1つだけ割り当てるポートはアクセスポート、2つ以上割り当てるポートはトランクポートにします。

コアスイッチは、2台とも割り当ては同じです。

■ **コアスイッチ**

ポート番号	VLAN ID	接続先
1.1	10	ルーター
1.2	1,20～110	もう1台のコアスイッチ
1.3	1,20～110	もう1台のコアスイッチ
1.4	1,20～110	本館ディストリビューションスイッチ
1.5	1,20～110	A棟ディストリビューションスイッチ
1.6	1,20～110	B棟ディストリビューションスイッチ
1.7	1,20～110	C棟ディストリビューションスイッチ
1.8	1,20～110	D棟ディストリビューションスイッチ
1.9	-	-
1.10	-	-
1.11		
1.12		

ディストリビューションスイッチも、すべて同じ割り当てです(本館だけ3階があるため、ポート1.3と2.3にも割り当てます)。

■ ディストリビューションスイッチ

ポート番号	VLAN ID	接続先
1.1	1,20 ～ 110	1 階フロアスイッチ
1.2	1,20 ～ 110	2 階フロアスイッチ
1.3	1,20 ～ 110	3 階フロアスイッチ (本館のみ)
1.4	-	-
1.5	-	-
1.6	-	-
1.7	-	-
1.8	-	-
1.9	-	-
1.10	-	-
1.11	-	-
1.12	1,20 ～ 110	コアスイッチ A
2.1	1,20 ～ 110	1 階フロアスイッチ
2.2	1,20 ～ 110	2 階フロアスイッチ
2.3	1,20 ～ 110	3 階フロアスイッチ (本館のみ)
2.4	-	-
2.5	-	-
2.6	-	-
2.7	-	-
2.8	-	-
2.9	-	-
2.10	-	-
2.11	-	-
2.12	1,20 ～ 110	コアスイッチ B

次は、フロアスイッチです。フロアスイッチも、VLAN 割り当てはすべて同じです。

■ フロアスイッチ

ポート番号	VLAN ID	接続先
1.1	1,20 ～ 110	アクセススイッチ
1.2	1,20 ～ 110	アクセススイッチ
1.3	1,20 ～ 110	アクセススイッチ
1.4	1,20 ～ 110	アクセススイッチ
1.5	1,20 ～ 110	アクセススイッチ
1.6	-	-
1.7	-	-
1.8	-	-
1.9	-	-
1.10	-	-
1.11	-	-
1.12	1,20 ～ 110	ディストリビューションスイッチ
2.1	1,20 ～ 110	アクセススイッチ
2.2	1,20 ～ 110	アクセススイッチ
2.3	1,20 ～ 110	アクセススイッチ
2.4	1,20 ～ 110	アクセススイッチ
2.5	1,20 ～ 110	アクセススイッチ
2.6	-	-
2.7	-	-
2.8	-	-
2.9	-	-
2.10	-	-
2.11	-	-
2.12	1,20 ～ 110	ディストリビューションスイッチ

アクセススイッチは、その部署に応じて必要なVLANをアクセスポートに割り当てます。以下は、VLAN 20と30を割り当てる例です。

■ アクセススイッチ

ポート番号	VLAN ID	接続先
1.1	20	パソコンなど
1.2	20	パソコンなど
1.3	20	パソコンなど
1.4	20	パソコンなど
1.5	20	パソコンなど
1.6	20	パソコンなど
1.7	30	パソコンなど
1.8	30	パソコンなど
1.9	30	パソコンなど
1.10	1,20から110	フロアスイッチ

2.3.8 ルーティング

ルーターを指定ルーター、コアスイッチAをバックアップ指定ルーターにすることにしたため、各装置のルーターIDとプライオリティは以下とします。

■ ルーターIDとプライオリティの一覧

設定機器	ルーターID	プライオリティ
ルーター	1.1.1.1	255
コアスイッチA	2.2.2.2	2
コアスイッチB	3.3.3.3	1

※ プライオリティは、すべてのVLAN(サブネット)で同じ値にします。

プライオリティのデフォルトは、ルーターもLANスイッチも1です。0から255までの値を設定できますが、0にすると指定ルーターに選出されません。

また、コストのデフォルトは、ポートの速度が100M bpsでも1000M bpsでも1です。優先経路とするコアスイッチA側はデフォルトのまま使い、コアスイッチBのVLANではすべてコストを2にしてバックアップ経路にします。コストの最大値は、65535です。

2.3.9 VRRP

今回、方式設計でVLAN 1と20から110でVRRPを利用することにしました。

以下は、VLANとVRID、仮想IPアドレスの一覧です。

■ VLANとVRID、仮想IPアドレスの一覧

VLAN	VRID	仮想IPアドレス
1	1	172.16.1.1
20	20	172.16.20.1
30	30	172.16.30.1
40	40	172.16.40.1
50	50	172.16.50.1
60	60	172.16.60.1
70	70	172.16.70.1
80	80	172.16.80.1
90	90	172.16.90.1
100	100	172.16.100.1
110	110	172.16.110.1

これ以外に、すべてのVLANでコアスイッチAの優先度を120と高くします。デフォルトは100です。これにより、コアスイッチAがマスタールーターとして動作するようになります。

2.3.10 IPsec

IPsecで使う事前共有鍵やアルゴリズムは、小規模ネットワークのL2TP/IPsecで利用したものと同じで、以下とします。

■ IPsecの認証と暗号化で使う設定の情報

項目	設定値
事前共有鍵	pass01
認証アルゴリズム	sha-hmac (SHA-1)
暗号アルゴリズム	aes-cbc (AES 128bit)
key-id	koujyou

key-idとは、工場側のルーターが接続してきたときに認証として使うものです。

本社側のルーターもRTX830が使われている前提とし、LANとWAN側のIPアドレスは、以下とします。

■ 本社RTX830のLANとWANのIPアドレス

LAN	10.1.1.1/24
WAN	203.0.113.1

2.3.11 ポート認証

今回は、アクセススイッチでIEEE802.1X認証を使うため、設計は以下とします。

■ IEEE802.1X認証の設計

項目	設定値
RADIUSサーバーのIPアドレス	172.16.1.2、172.16.1.3
RADIUSサーバーと通信するためのパスワード	pass01
ホストモード	シングルホストモード

「RADIUS サーバーと通信するためのパスワード」は、RADIUS サーバー側 (コアスイッチ A と B) でも同じものを設定します。

また、RADIUS サーバー側には認証のためのユーザー作成が必要です。今回は例なので、以下の1ユーザーだけ作成することにします (本来は、利用するユーザー分の作成が必要です)。

■ ポート認証のユーザー

項目	設定値
ユーザー ID	user01
パスワード	pass01

2.3.12 SNMP

SNMPv2c の設計は、以下のとおりです

■ SNMPv2cの設計

項目	設定値
SNMP マネージャーの IP	172.16.20.100
MIB の Read/Write	Read のみ許可
MIB のコミュニティ名	snmpread
TRAP のコミュニティ名	snmptrap

LAN スイッチは、デフォルトでは送信する TRAP が設定されていないため、送信する TRAP の種類を指定する必要があります。以下は、指定できる TRAP です。

■ **LANスイッチで指定できるTRAPの種類**

TRAP	説明
`coldstart`	電源 OFF/ON、ファームウェア更新時
`warmstart`	reload コマンド実行時
`linkdown`	ポートがダウンした時
`linkup`	ポートがアップした時
`authentication`	認証失敗時
`l2ms`	L2MS のエージェント検出 / 喪失時
`errdisable`	ErrorDisable 検出 / 解除時
`rmon`	RMON イベント実行時
`termmonitor`	端末監視検知時
`bridge`	スパニングツリー ルート検出 / トポロジー変更時
`vrrp`	VRRP イベント実行時
`all`	すべて

今回は、コアスイッチ、ディストリビューションスイッチ、フロアスイッチで all、アクセススイッチで **`coldstart`** と **`warmstart`** を指定することにします。

アクセススイッチで **`linkdown`** や **`linkup`** を有効にすると、パソコンが起動したりシャットダウンしたりするたびに TRAP が送信されるため、留意が必要です。

まとめ：2.3　大規模ネットワークの詳細設計

- リンクアグリゲーションでは、論理インターフェース番号で同じ番号を設定したものが 1 つのリンクアグリゲーションに組み込まれる。
- スタックは、スタック ID が 1 のものがメインスイッチとなり、1 以外のものはメンバースイッチとなる。

2.4 大規模ネットワークの設定工程

ここでは、これまで行った設計に基づいてルーターや LAN スイッチに設定を行います。

2.4.1 小規模ネットワークと同様の設定内容

次に示す設定内容は、小規模ネットワークの時とほとんど同じ内容のため割愛します。

- ルーターの初期設定
- ルーターの IP アドレス設定
- ルーターの PPPoE 設定
- ルーターの動的 IP マスカレード設定
- ルーターの NTP 設定
- ルーターの設定保存方法
- LAN スイッチの初期設定
- LAN スイッチの VLAN 設定
- LAN スイッチの IP アドレス設定
- LAN スイッチの NTP 設定
- LAN スイッチのループ検出機能設定
- コアスイッチへのアクセス許可設定
- LAN スイッチの設定保存方法

2.4.2 ルーターのIPsec設定

IPsecの設定を説明します。本社にもRTX830が設置されているとして、その設定は以下のとおりです。

```
# tunnel select 1
tunnel1# ipsec tunnel 101
tunnel1# ipsec sa policy 101 1 esp aes-cbc sha-hmac
tunnel1# ipsec ike keepalive log 1 off                 ①
tunnel1# ipsec ike keepalive use 1 on heartbeat 10 6   ②
tunnel1# ipsec ike local address 1 10.1.1.1            ③
tunnel1# ipsec ike pre-shared-key 1 text pass01
tunnel1# ipsec ike remote address 1 any
tunnel1# ipsec ike remote name 1 koujyou key-id        ④
tunnel1# ip tunnel tcp mss limit auto
tunnel1# tunnel enable 1
tunnel1# tunnel select none
# ipsec auto refresh on
# ip route 172.16.0.0/16 gateway tunnel 1              ⑤
```

設定は、L2TP/IPsecの時と似ています。事業所間接続VPNの時だけ使うコマンドについて、以下で説明します。

① ipsec ike keepalive log 1 off

IPsec接続を維持できているかどうかの監視を、ログに記録しないようにする設定です。

② ipsec ike keepalive use 1 on heartbeat 10 6

IPsec接続を監視する設定です。**1**がtunnelインターフェースの番号、**10**は監視間隔(秒)、**6**が試行回数です。ここでは、10秒間隔で監視し、6回失敗すると接続が維持できないと判断します。

※この監視(heartbeat)は、ヤマハルーター独自の監視プロトコルです。

③ ipsec ike local address 1 10.1.1.1

本社ルーターのLAN側IPアドレスを設定しています。

④ ipsec ike remote name 1 koujyou key-id

工場側のルーターが接続してきたときに、認証として使う**key-id**を設計どおり**koujyou**に設定しています。

⑤ **ip route 172.16.0.0/16 gateway tunnel 1**
静的ルーティングで、工場のネットワークへ通信するためのゲートウェイは **tunnel 1** インターフェースと設定しています。

なお、インターネット接続時に設定した動的IPマスカレードに加えて、以下のNATディスクリプターも設定する必要があります。

```
# nat descriptor masquerade static 1000 1 10.1.1.1 udp 500
# nat descriptor masquerade static 1000 2 10.1.1.1 esp
```

これは、IPsecで使うUDPのポート番号500番とESPをアドレス変換する静的IPマスカレードの設定です。

ルーターのグローバルアドレス宛ての通信で、UDPのポート番号500であれば10.1.1.1のUDPポート番号500番に、ESPであれば10.1.1.1のESPに変換します。

工場側ルーターの設定は、次のとおりです。

```
# tunnel select 1
tunnel1# ipsec tunnel 101
tunnel1# ipsec sa policy 101 1 esp aes-cbc sha-hmac
tunnel1# ipsec ike keepalive log 1 off
tunnel1# ipsec ike keepalive use 1 on heartbeat 10 6
tunnel1# ipsec ike local address 1 172.16.10.1
tunnel1# ipsec ike pre-shared-key 1 text pass01
tunnel1# ipsec ike remote address 1 203.0.113.1     ①
tunnel1# ipsec ike local name 1 koujyou key-id      ②
tunnel1# ip tunnel tcp mss limit auto
tunnel1# tunnel enable 1
tunnel1# tunnel select none
# ipsec auto refresh on
# ip route 10.0.0.0/8 gateway tunnel 1
# nat descriptor masquerade static 1000 1 172.16.10.1 udp 500
# nat descriptor masquerade static 1000 2 172.16.10.1 esp
```

以下に、①と②について説明します。

① ipsec ike remote address 1 203.0.113.1

IPsecを接続する側なので、接続先をIPアドレスで設定しています。ネットボランチDNSを利用している場合は、接続先のFQDNを指定します。

② ipsec ike local name 1 koujyou key-id

key-idを設計どおり**koujyou**と指定しています。

2.4.3 ルーターのOSPF設定

OSPFの設定は、以下のとおりです。

```
# ospf use on                                    ①
# ospf router id 1.1.1.1                         ②
# ospf area backbone                             ③
# ip lan1 ospf area backbone priority=255        ④
# ospf import from static                        ⑤
# ospf configure refresh                         ⑥
```

① ospf use on

OSPFを有効にしています。

② ospf router id 1.1.1.1

ルーターIDを1.1.1.1に設定しています。

③ ospf area backbone

バックボーンエリアに属することを定義しています。

④ ip lan1 ospf area backbone priority=255

lan1がバックボーンエリアに属することを定義しています。また、プライオリティを**255**に設定して、指定ルーターに選出されるようにしています。

⑤ ospf import from static

静的ルーティングの経路(今回の例ではインターネットへのデフォルトルートと本社への静的ルーティング経路)を、OSPFに再配布する設定です。これで、コアスイッチAとBのルーティングテーブルで、デフォルトルートがルーターになります。

⑥ **ospf configure refresh**

これまでの設定を反映します。OSPFの設定変更を行った場合、このコマンドを再度実行する必要があります。

2.4.4 ルーターのSNMP設定

SNMPv2cの設定は、以下のとおりです。

```
# snmpv2c host 172.16.20.100                    ①
# snmpv2c community read-only snmpread          ②
# snmpv2c trap host 172.16.20.100               ③
# snmpv2c trap community snmptrap               ④
```

① **snmpv2c host 172.16.20.100**

172.16.20.100からMIBへのアクセスを許可しています。

② **snmpv2c community read-only snmpread**

MIBへのReadのみを許可(**read-only**)し、そのコミュニティ名を**snmpread**に設定しています。

③ **snmpv2c trap host 172.16.20.100**

TRAP送信先を、172.16.20.100に設定しています。

④ **snmpv2c trap community snmptrap**

TRAPを送信する時のコミュニティ名を**snmptrap**に設定しています。

③は、デフォルトが**trap**で応答を求めません。**snmpv2c trap host 172.16.20.100 inform**と最後に**inform**を付けると、通知に対して応答を求める**Inform**の設定ができます。

2.4.5 LANスイッチのスタック設定

ディストリビューションスイッチとフロアスイッチでは、スタックの設定を行います。設定はすべて同じで、以下のとおりです。

```
SWX3220(config)# stack 1 renumber 2                 ①
SWX3220(config)# stack enable                       ②
reset configuration and reboot system? (y/n): y     ③
```

① **stack 1 renumber 2**

スタックIDを1から2に変更しています(デフォルトは1です)。これは、メンバースイッチだけで設定します。値は、1と2だけ設定できます。

② **stack enable**

スタック機能を有効にしています。これは、両方のLANスイッチで設定します。

③ **reset configuration and reboot system? (y/n): y**

再起動を促されるため、yを入力して再起動します。

スタックの設定は、他の設定よりも先に行ってください。また、設定後はダイレクトアタッチケーブルで設計どおりに接続してください。

2.4.6 LANスイッチのリンクアグリゲーション設定

2台のコアスイッチ間と、コアスイッチとディストリビューションスイッチ間は、リンクアグリゲーションを利用します。

最初は、コアスイッチ間のLACPリンクアグリゲーション設定です。2台とも設定は同じです。

```
SWX3220(config)# interface port1.2-3
SWX3220(config-if)# channel-group 1 mode active     ①
SWX3220(config-if)# exit
SWX3220(config)# interface po1                      ②
SWX3220(config-if)# no shutdown                     ③
```

① **channel-group 1 mode active**

論理インターフェース番号を1、モードをアクティブモードに設定しています。同じ論理インターフェース番号を割り当てたポートがリンクアグリゲーションに組み込まれます(この設定ではport1.2と1.3)。その際、po1という論理インターフェースが作成されます。論理インターフェース番号を2にした場合は、po2になります。activeをpassiveに変えると、パッシブモードになります。

② **interface po1**

作成したpo1インターフェースを指定しています。

③ **no shutdown**

po1インターフェースを有効にしています。論理インターフェース単位で有効にしたり、無効(shutdown)にしたりできます。。

次に、ディストリビューションスイッチとフロアスイッチ間のスタティックリンクアグリゲーション設定です。以下は、フロアスイッチの設定です。フロアスイッチは、すべて同じ設定になります。

```
SWX3220(config)# interface port1.12,port2.12
SWX3220(config-if)# static-channel-group 1      ①
SWX3220(config-if)# exit
SWX3220(config)# interface sa1                   ②
SWX3220(config-if)# no shutdown                  ③
```

① **static-channel-group 1**

論理インターフェース番号を1に設定しています。この番号が同じポートがリンクアグリゲーションに組み込まれます(この設定ではport1.12と2.12)。その際、sa1という論理インターフェースが作成されます。

② **interface sa1**

作成したsa1インターフェースを指定しています。

③ **no shutdown**

sa1インターフェースを有効にしています。

ディストリビューションスイッチでは、上記の組み合わせをsa1(1階フロアスイッチ接続用)、sa2(2階フロアスイッチ接続用)、sa3(3階フロアスイッチ接続用。本館のみ)と設定することになります。

2.4.7 LANスイッチのスパニングツリープロトコル設定

コアスイッチ2台とディストリビューションスイッチ間ではスパニングツリープロトコルを利用します。

SWX3220-16MTは、デフォルトでスパニングツリープロトコルが有効です。このため、コアスイッチではブリッジプライオリティと、スパニングツリープロトコルを利用しないポートで無効にする設定だけ行います(それ以外は、デフォルトで利用します)。以下は、コアスイッチAの設定です。

```
SWX3220(config)# spanning-tree priority 4096
SWX3220(config)# interface port1.1
SWX3220(config-if)# spanning-tree disable
```

ブリッジプライオリティを、設計どおり**4096**に設定しています。また、ルーターと接続する**port1.1**はスパニングツリープロトコルが不要なため、停止させています。

コアスイッチBでも設定内容は同じですが、ブリッジプライオリティは**8192**に設定します。

ディストリビューションスイッチは、デフォルトのままでも設計どおり動作します。もし、パスコストを設定してコアスイッチAとの接続のルートパスコストを増やしたい場合は、以下のように設定します。

```
SWX3220(config)# interface port1.12
SWX3220(config-if)# spanning-tree path-cost 30000
```

2.4.8 コアスイッチの OSPF 設定

コアスイッチ A での OSPF 設定は、以下のとおりです。

```
SWX3220(config)# router ospf                              ①
SWX3220(config-router)# ospf router-id 2.2.2.2            ②
SWX3220(config-router)# network 172.16.0.0/16 area 0      ③
SWX3220(config-router)# exit
SWX3220(config)# interface vlan1                          ④
SWX3220(config-if)# ip ospf priority 2                    ⑤
・・・
以後、各 VLAN でプライオリティを設定する
```

① **router ospf**

OSPF 関連の設定を行うため、OSPFv2 モードに移行します。

② **ospf router-id 2.2.2.2**

ルーター ID を 2.2.2.2 に設定しています。

③ **network 172.16.0.0/16 area 0**

VLAN インターフェースに設定した IP アドレスが 172.16.0.0/16 に含まれている場合、エリア 0 (バックボーンエリア) に属することを設定しています。つまり、すべてのサブネット (VLAN) がバックボーンエリアに属するように設定しています。

④ **interface vlan1**

VLAN 1 のインターフェースを指定し、インターフェースコンフィグレーションモードに移行します。

⑤ **ip ospf priority 2**

VLAN 1 のプライオリティを 2 に設定し、バックアップ指定ルーターに選出されるようにしています。

コアスイッチ B の設定もルーター ID を変える以外ほとんど同じですが、⑥のプライオリティは設定しません (デフォルトが 1 のため)。その代わり、各 VLAN インターフェースで以下のようにコストを 2 に設定します。

```
SWX3220(config)# interface vlan1
SWX3220(config-if)# ip ospf cost 2
・・・
以後、各 VLAN でコストを設定する
```

2.4.9 コアスイッチのVRRP設定

コアスイッチAでのVRRPの設定は、以下のとおりです。

```
SWX3220(config)# router vrrp 1 vlan1                   ①
SWX3220(config-router)# virtual-ip 172.16.1.1          ②
SWX3220(config-router)# priority 120                   ③
SWX3220(config-router)# virtual-router enable          ④
・・・
以後、各VLAN(VLAN 10除く)で同様の設定をする
```

① **router vrrp 1 vlan1**

VRID 1とVLAN 1を指定して、VRRPモードに移行します。VRIDは、**1**から**255**が使えます。

② **virtual-ip 172.16.1.1**

仮想IPアドレスを172.16.1.1に設定しています。

③ **priority 120**

マスタールーターになるための優先度を**120**に設定しています。デフォルトは**100**で、**1**から**255**の値が使えます。

④ **virtual-router enable**

仮想ルーターを有効にします。

コアスイッチBでも設定はほとんど同じですが、優先度は設定せずにデフォルトの100のままとします。これで、コアスイッチAのほうが優先度が高いため、マスタールーターになります。

なお、プリエンプトモードを無効にする場合は、以下コマンドで行えます。

```
SWX3220(config)# router vrrp 1 vlan1
SWX3220(config-router)# preempt-mode disable

※各VLANごとの設定です
```

また、他のLANスイッチ(VLAN 1に接続されています)は、コアスイッチがルーティングすることで他VLANと通信可能になります。このため、次のようにVLAN 1の仮想IPアドレスをデフォルトルートに設定し、マスタールーターのコアスイッチにルーティングをまかせるようにします。

```
SWX3220(config)# ip route 0.0.0.0/0 172.16.1.1
```

2.4.10 アクセススイッチのポート認証設定

アクセススイッチでは、IEEE802.1X認証を行います。
設定は、以下のとおりです。

```
SWX2310P(config)# aaa authentication dot1x                    ①
SWX2310P(config)# radius-server host 172.16.1.2 key pass01    ②
SWX2310P(config)# radius-server host 172.16.1.3 key pass01    ②
SWX2310P(config)# interface port1.1-9
SWX2310P(config-if)# auth host-mode single-host               ③
SWX2310P(config-if)# dot1x port-control auto                  ④
```

① aaa authentication dot1x

LANスイッチ全体でIEEE802.1Xを有効にしています。

② radius-server host 172.16.1.2 key pass01
radius-server host 172.16.1.3 key pass01

設計どおりに、RADIUSサーバーのIPアドレス(コアスイッチの2台)とパスワードを設定しています。

③ auth host-mode single-host

設計どおり、ホストモードをシングルホストモードに設定しています。ただし、シングルホストモードがデフォルトのため、この設定は必須ではありません。**single-host**の代わりに**multi-host**を指定するとマルチホストモード、**multi-supplicant**を指定するとマルチサプリカントモードに設定されます。

④ dot1x port-control auto

port1.1-9でIEEE802.1Xを有効にしています。

次に、RADIUSサーバーの設定です。設定は、コアスイッチ2台で行います。2台とも設定は同じで、次のとおりです。

```
SWX3220(config)# crypto pki generate ca                    ①
Generate CA? (y/n): y
Finished
SWX3220(config)# radius-server local-profile               ②
SWX3220(config-radius)# user user01 pass01 auth peap       ③
SWX3220(config-radius)# nas 172.16.1.0/24 key pass01       ④
SWX3220(config-radius)# exit
SWX3220(config)# radius-server local interface vlan1       ⑤
SWX3220(config)# radius-server local enable                ⑥
SWX3220(config)# exit
SWX3220# radius-server local refresh                       ⑦
```

① crypto pki generate ca

ルート認証局を生成しています。RADIUSサーバーとして動作させるためには、ルート認証局の生成が必須です。次の行で、**Yes or No**を聞かれるため、**y**を入力します。

② radius-server local-profile

RADIUSコンフィグレーションモードに移行しています。プロンプトが変わります。

③ user user01 pass01 auth peap

user01を作成しています。パスワードは**pass01**で、認証方法を**peap**(ユーザーIDとパスワードで認証)にしています。

④ nas 172.16.1.0/24 key pass01

172.16.1.0/24のIPアドレス範囲からのRADIUSサーバーへのアクセスを許可しています。その時のパスワードは**pass01**です。アクセススイッチで設定した②のパスワードと合わせる必要があります。

⑤ radius-server local interface vlan1

VLAN 1(アクセススイッチが接続してくるVLAN)からのRADIUSサーバーへのアクセスを許可しています。

⑥ radius-server local enable

RADIUSサーバー機能を有効にしています。

⑦ radius-server local refresh

RADIUSサーバーに現在の設定を反映しています。

2.4.11 LANスイッチのSNMP設定

SNMPv2cの設定は、以下のとおりです。

```
SWX3220(config)# snmp-server community snmpread ro    ①
SWX3220(config)# snmp-server enable trap all          ②
SWX3220(config)# snmp-server host 172.16.20.100 informs version 2c sn
mptrap                                                ③
```

① snmp-server community snmpread ro

コミュニティ名**snmpread**であれば、MIB取得を許可します。取得だけでなく**Write**を許可する場合、**ro**ではなく**rw**で設定します。

② snmp-server enable trap all

すべてのTRAPを送信する設定をしています。アクセススイッチでは、**snmp-server enable trap coldstart warmstart**と設定すると、2つのTRAPだけ送信されます。

③ snmp-server host 172.16.20.100 informs version 2c snmptrap

TRAPを送信する時のコミュニティ名を**snmptrap**にし、送信先を172.16.20.100に設定しています。**informs**の代わりに**trap**を指定すると、TRAPで送信します。

まとめ：2.4　大規模ネットワークの設定工程

- ルーターでOSPFの設定を変更した時は、**ospf configure refresh**コマンドによって設定を反映する。
- LACPリンクアグリゲーションではpo論理インターフェース、スタティックリンクアグリゲーションではsa論理インターフェースが作成される。
- コアスイッチを中心としたスター型ネットワークでは、ブリッジプライオリティの設定だけで(パスコストの設定なしで)、ディストリビューションスイッチのほうをブロッキングポートにできる。

2.5 大規模ネットワークのテスト

ここでは、これまでの設定が正しく行えているかテストを行います。

単体テストは、小規模ネットワークの時と同じなので割愛します。また、システムテストでも小規模ネットワークと同じものは割愛しています。

2.5.1 リンクアグリゲーションの確認

LACPリンクアグリゲーションは、**show etherchannel**コマンドで確認できます。

```
SWX3220# show etherchannel
% Lacp Aggregator: po1
% Load balancing: src-dst-mac
% Member:
   port1.2
   port1.3
```

上記は、コアスイッチの確認結果です。**port1.2**と**port1.3**が組み込まれていることがわかります。コアスイッチ2台とも、同じ結果が表示されます。

スタティックリンクアグリゲーションは、**show static-channel-group**コマンドで確認できます。

```
SWX3220# show static-channel-group
% Static Aggregator: sa1
% Load balancing: src-dst-mac
% Member:
   port1.12
   port2.12
```

前ページは、フロアスイッチの確認結果です。**port1.12**と**port2.12**が組み込まれていることがわかります。ディストリビューションスイッチで確認すると、**sa2**と**sa3**(**sa3**は本館のみ)も結果として表示されます。

リンクアグリゲーションでは、実際にケーブルを抜いて通信が継続できるかも確認します。たとえば、コアスイッチ間であれば**port1.1**を抜いて通信確認、**port1.1**を戻した後に**port1.2**を抜いて通信確認します。その後、**port1.2**を戻して再度通信確認します。

2.5.2 スタックの確認

スタックの状態は、**show stack**コマンドで確認できます。

```
SWX3220# show stack
Stack: Enable

Configured ID         : 1
Running ID            : 1
Status                : Active
Subnet on stack port  : 192.168.250.0
Virtual MAC-Address   : 11:ff:11:ff:11:ff

ID  Model          Status      Role     Serial       MAC-Address
----------------------------------------------------------------------
1   SWX3220-16MT   Active      Master   Zxxxxxxxxx   11:ff:11:ff:11:ff
2   SWX3220-16MT   Active      Slave    Zxxxxxxxxx   ff:11:ff:11:ff:11

Interface     Status
----------------------------------------------------------------------
port1.15      up
port1.16      up
port2.15      up
port2.16      up
```

2台のSWX3220-16MTでスタックが構成されていて、2台とも**Active**になっていることがわかると思います。また、**port1.15**などが**up**していますが、これがダイレクトアタッチケーブルを接続しているポートです。

2.5.3 スパニングツリープロトコルの確認

スパニングツリープロトコルの状態を表示するためには、**show spanning-tree** コマンドを使います。

ただし、このコマンドは非常に多くの情報を表示するため、パイプ (¦) を使って必要な情報だけ表示するように絞り込みます。パイプの右で **include** を使うと、指定した文字列で検索して一致した行だけを表示します。

以下は､ディストリビューションスイッチでの確認結果です。まずは､ルートブリッジを確認します。

```
SWX3220# show spanning-tree ¦ include Root Id
% Default: CIST Root Id 100011ff11ff11ff
% Default: CIST Reg Root Id 100011ff11ff11ff
```

ブリッジIDの**100011ff11ff11ff**が、ルートブリッジです。これは、16進数で示されているため、上位の1000は10進数に変換すると4096です。つまり、コアスイッチAに設定したブリッジプライオリティを示しています。また、MACアドレスは**11ff:11ff:11ff**の機器であることがわかります。

次は、フォワーディングとブロッキングポートの確認です。

```
SWX3220# show spanning-tree ¦ include Role
%    sa1: Port Number 405 - Ifindex 4501 - Port Id 0x8195 - Role
Designated - State Forwarding
%    sa2: Port Number 406 - Ifindex 4502 - Port Id 0x8196 - Role
Designated - State Forwarding
%    sa3: Port Number 407 - Ifindex 4503 - Port Id 0x8197 - Role
Designated - State Forwarding
%   port1.4: Port Number 908 - Ifindex 5004 - Port Id 0x838c - Role
Disabled - State Discarding

※途中略(すべてRoleがDisable)

%   port1.12: Port Number 916 - Ifindex 5012 - Port Id 0x8394 - Role
Rootport - State Forwarding

※途中略(すべてRoleがDisable)

%   port2.12: Port Number 1916 - Ifindex 6012 - Port Id 0x877c - Role
```

```
Alternate - State Discarding
※以降略(すべてRoleがDisable)
```

Roleが**Disable**のポートは、ダウンなどしていて使えない(ケーブルが接続されていないなどの)状態です。

Roleがそれ以外の場合、**State**を見ます。**State**が**Forwarding**のポートはフォワーディングポートで、フレームを転送しています。**Discarding**はブロッキングポートで、フレームを遮断しています。

つまり、この例では**sa1**から**3**(フロアスイッチと接続)と**port1.12**(コアスイッチAと接続)がフォワーディングポートで、**port2.12**(コアスイッチBと接続)がブロッキングポートです。それ以外のポートはダウンしています。

スパニングツリープロトコルでは、実際にケーブルを抜いて通信が継続できるかも確認します。たとえば、コアスイッチAとディストリビューションスイッチ間のケーブルを抜いても、アクセススイッチに接続されたパソコンからインターネットなどと通信可能なことを確認します。その時、ディストリビューションスイッチで**show spanning-tree ¦ include Role**コマンドを実行すると、**port2.12**がForwardingになっていることも確認します(コアスイッチBを経由した通信に切り替わる)。

2.5.4 ルーティングの確認

ルーティングテーブルの確認方法は1章で説明済ですが、今回はOSPFなので再度説明します。

以下は、ルーターの表示結果です。

```
# show ip route
宛先ネットワーク        ゲートウェイ        インタフェース    種別      付加情報
default                 -                        PP[01]    static
10.0.0.0/8              -                     TUNNEL[1]    static
172.16.1.0/24           172.16.10.2                LAN1      OSPF      cost=2
172.16.10.0/24          172.16.10.1                LAN1  implicit
172.16.20.0/24          172.16.10.2                LAN1      OSPF      cost=2
172.16.30.0/24          172.16.10.2                LAN1      OSPF      cost=2
172.16.40.0/24          172.16.10.2                LAN1      OSPF      cost=2
172.16.50.0/24          172.16.10.2                LAN1      OSPF      cost=2
```

```
172.16.60.0/24      172.16.10.2         LAN1     OSPF     cost=2
172.16.70.0/24      172.16.10.2         LAN1     OSPF     cost=2
172.16.80.0/24      172.16.10.2         LAN1     OSPF     cost=2
172.16.90.0/24      172.16.10.2         LAN1     OSPF     cost=2
172.16.100.0/24     172.16.10.2         LAN1     OSPF     cost=2
172.16.110.0/24     172.16.10.2         LAN1     OSPF     cost=2
```

172.16.20.0/24、172.16.30.0/24などの経路が、OSPFで取得してゲートウェイが172.16.10.2(コアスイッチA側)になっています。また、デフォルトルートは、**pp1(PP[01])**になっています。

次は、コアスイッチAの表示結果です。

```
SWX3220# show ip route
Codes: C - connected, S - static, R - RIP
       O - OSPF, IA - OSPF inter area
       N1 - OSPF NSSA external type 1, N2 - OSPF NSSA external type 2
       E1 - OSPF external type 1, E2 - OSPF external type 2
       * - candidate default

Gateway of last resort is 172.16.10.1 to network 0.0.0.0

O*E2    0.0.0.0/0 [110/1] via 172.16.10.1, vlan10, 00:03:12
O E2    10.0.0.0/8 [110/1] via 172.16.10.1, vlan10, 00:01:30
C       172.16.1.0/24 is directly connected, vlan1
C       172.16.10.0/24 is directly connected, vlan10
C       172.16.20.0/24 is directly connected, vlan20
C       172.16.30.0/24 is directly connected, vlan30
C       172.16.40.0/24 is directly connected, vlan40
C       172.16.50.0/24 is directly connected, vlan50
C       172.16.60.0/24 is directly connected, vlan60
C       172.16.70.0/24 is directly connected, vlan70
C       172.16.80.0/24 is directly connected, vlan80
C       172.16.90.0/24 is directly connected, vlan90
C       172.16.100.0/24 is directly connected, vlan100
C       172.16.110.0/24 is directly connected, vlan110
```

デフォルトルート(0.0.0.0/0)や本社への経路(10.0.0.0/8)は、ルーターの静的ルーティングの再配布ですが、OSPFの経路(一番左にO*E2で表示)として反映されています。それ以外は、コアスイッチ自身に設定したサブネット(一番左にCで表示)です。

ネイバー関係にあるルーターを表示するためには、以下のコマンドを実行します。

- ルーター　　：**show status ospf neighbor**
- コアスイッチ：**show ip ospf neighbor**

以下は、ルーターでの表示例です。

```
# show status ospf neighbor
Neighbor ID    Pri   State            Dead Time    Address        Interface
2.2.2.2        2     FULL/BDR         00:00:34     172.16.10.2    LAN1
3.3.3.3        1     FULL/DROTHER     00:00:31     172.16.10.3    LAN1
```

ルーターID:2.2.2.2(コアスイッチA)とは隣接関係(FULL)で、コアスイッチAがバックアップ指定ルーター(BDR)であることがわかります。指定ルーターの場合は、DRと表示されます。

また、ルーターID:3.3.3.3(コアスイッチB)とも隣接関係で、コアスイッチBが指定ルーターでもバックアップ指定ルーターでもない(DROTHER)ことがわかります。

2.5.5 VRRPの確認

VRRPの確認は、**show vrrp** コマンドで行えます。

```
SWX3220# show vrrp
VRRP Version: 3
VMAC enabled
Address family IPv4
VRRP Id: 1 on interface: vlan1
 State: AdminUp   - Master
 Virtual IP address: 172.16.1.1 (Not-owner)
 Operational primary IP address: 172.16.1.2
 Operational master IP address: 172.16.1.2
 Priority is 120
 Advertisement interval: 100 centi sec
 Master Advertisement interval: 100 centi sec
 Skew time: 53 centi sec
 Accept mode: FALSE
 Preempt mode: TRUE
 Multicast membership on IPv4 interface vlan1: JOINED
 V2-Compatible: FALSE
```

※以下、他VLANも同様に表示

状態(State)がマスタールーター(Master)になっていて、仮想IPアドレスの172.16.1.1(Virtual IP address)でルーティングしていることがわかります。

また、実際に切り替わって通信可能かも確認します。

コアスイッチAを電源断し、パソコンから異なるサブネットやインターネットへの通信が可能か確認します。その時、コアスイッチBで**show vrrp**コマンドにより、StateがMasterになっていることも確認します。また、ルーターのルーティングテーブルもOSPFで取得した経路は、コアスイッチBがゲートウェイに変わっていると思います。

最後に、コアスイッチAを起動して**show vrrp**コマンドで**State**がMasterになっていることを確認します(今回の設計ではプリエンプトモードがONなのでマスタールーターは元に戻ります)。また、ルーターのルーティングテーブルも、元に戻っていることを確認します。

2.5.6 IPsecの確認

IPsecの接続状態は、**show ipsec sa** コマンドで確認できます。

```
# show ipsec sa
Total: isakmp:1 send:1 recv:1

sa    sgw isakmp connection     dir  life[s] remote-id
-----------------------------------------------------------------------------
2     1    -     isakmp         -    28708   203.0.113.1
3     1    2     tun[0001]esp   send 28710   203.0.113.1
4     1    2     tun[0001]esp   recv 28710   203.0.113.1
```

isakmpという鍵を再作成するためのコネクションが1つと、**send**(送信用通路)とrecv(受信用通路)と表示された実際の通信が使うコネクションが表示されていれば、IPsecは接続されています。

もし、すべてを削除して接続し直したい場合、**ipsec refresh sa** コマンドを使います。

これ以外にも、工場側のパソコンから本社のサーバーに通信できるか確認します。

2.5.7 ポート認証の確認

RADIUSサーバーに設定したユーザーは、**show radius-server local user** コマンドで確認できます。これは、コアスイッチ2台で確認します。

```
SWX3220# show radius-server local user
Total    1

userid                        name                             vlan mode
-------------------------------- -------------------------------- ---
user01                                                           peap
```

また、パソコンをアクセススイッチにツイストペアケーブルで接続し、認証が行えることを確認します。

> 参考
> http://www.rtpro.yamaha.co.jp/RT/docs/radius_802dot1x/index.html
> ※少し古いですが、上記の「Windows 7 PC(Supplicant) 設定」にWindows7でのサプリカント設定例があります。

また、認証が成功しているかは、アクセススイッチで**show auth supplicant**コマンドを実行することで確認できます。

```
SWX2310P# show auth supplicant
 Port     MAC address    User name          Status           VLAN Method
 -------- -------------- ------------------ ---------------- ---- -----
 port1.1  11ff.11ff.11ff user01             Authorized         20 802.1X
```

Statusが**Authorized**と表示されていれば、認証成功です。失敗すると、**Unauthorized**と表示されます。

上記は、**port1.1**でMACアドレス**11ff:11ff:11ff**の機器が、**user01**で認証に成功していることを表示しています。

2.5.8 SNMPの確認

SNMP マネージャーで、ルーターと全 LAN スイッチの MIBが取得できるか確認します。どれを取得していいかわからない場合、sysUpTimeで取得してみてください。sysUpTimeは、起動時からの時間を示し、デフォルトで取得できるようになっています。

また、ツイストペアケーブルの抜き差し (アクセススイッチ以外) や再起動で、SNMP マネージャーに TRAPが通知されるか確認します。ルーターでは LAN 側を抜き差ししても通知されないため、ISP と接続しているツイストペアケーブルを抜き差しします。これで、TRAPが通知されます。

2.5.9 冗長化確認

今回の大規模ネットワークでは、以下のケーブル断や装置電源断によって、切り替えが行われます。

■ 切り替えが発生する箇所

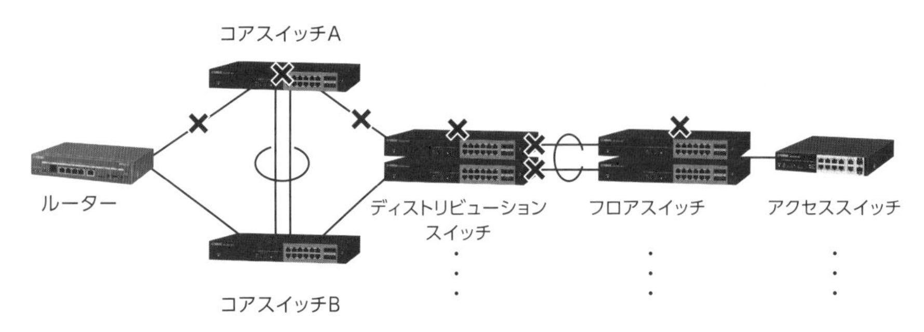

このため、充分なテストを行うためには、図の × 部分で 1 つ 1 つケーブルを抜いたり装置の電源を OFFにしたりしても、通信ができることを確認します。ただし、このパターンをすべての LAN スイッチで確認するとなると大変です。

このため、このパターンで確認するのは 1 か所 (例 ：本館 1 階だけ) にして、他はすでに説明したコアスイッチ A を電源断して通信ができることを確認します。これによって、次が確認できます。

- スパニングツリープロトコルで、すべてのディストリビューションスイッチのブロッキングポートがフォワーディングポートに切り替わる(コアスイッチB経由になる)。
- ルーターのOSPFで、ルーティングがコアスイッチB経由に切り替わる。
- VRRPで、マスタールーターがコアスイッチBに切り替わる。
- ポート認証で、コアスイッチAが電源断でも認証が可能なことが確認できる。

このように、実績のある設計を行っていれば、同じ内容をすべてのパターンで確認しなくても問題が発生する可能性は低いと思います。また、実績のある設計であれば、構築時に問題も発生しにくいと言えます。つまり、実績ある設計を行うことは非常に重要で、構築やテストをスムーズに進めることにつながります。

まとめ：2.5　大規模ネットワークのテスト

- LACPリンクアグリゲーションの確認は**show etherchannel**コマンド、スタティックリンクアグリゲーションの確認は**show static-channel-group**コマンドで行える。
- OSPFネイバーの確認は、ルーターは**show status ospf neighbor**コマンド、LANスイッチは**show ip ospf neighbor**コマンドで行える。その時、指定ルーターやバックアップ指定ルーターがどの装置になっているかも確認できる。
- IPsecの接続状態は、**show ipsec sa**コマンドで行える。正常であれば、isakmpという鍵を再作成するためのコネクションが1つと、send(送信用通路)とrecv(受信用通路)と表示された実際の通信が使うコネクションが表示される。

2章 大規模ネットワークの構築 チェックポイント

問1. ルーターで、以下のOSPF設定を行いました。

```
# ospf use on
# ospf router id 1.1.1.1
# ospf area backbone
# ip lan1 ospf area backbone priority=255
# ospf configure refresh
```

コアスイッチでもOSPFの設定を行い、ルーティングテーブルを確認したが、デフォルトゲートウェイがありません。ルーターのルーティングテーブルにすでにあるデフォルトゲートウェイを、OSFPに反映させるためにはどのコマンドを設定すればよいですか？

a) ospf import from static の後に ospf configure refresh
b) ip route default gateway 203.0.113.1
c) ip route default gateway 203.0.113.1 の後に
   ospf import from static
d) ospf import from static

問2. 2台のLANスイッチのport1.1と1.2でLACPリンクアグリゲーションをするために、以下のコマンドで設定を行いました。

LANスイッチA側の設定

```
SWX3220(config)# interface port1.1-2
SWX3220(config-if)# channel-group 1 mode passive
SWX3220(config-if)# exit
SWX3220(config)# interface po1
SWX3220(config-if)# no shutdown
```

LANスイッチB側の設定

```
SWX3220(config)# interface port1.1-2
SWX3220(config-if)# channel-group 2 mode passive
SWX3220(config-if)# exit
SWX3220(config)# interface po2
SWX3220(config-if)# no shutdown
```

しかし、ケーブルを接続してもpo1がアップしません。対処として、port1.1-2に対して何のコマンドを実行すればよいですか？

a) LANスイッチAで**static-channel-group 2**コマンドを実行する。
b) LANスイッチBで**channel-group 1 mode passive**コマンドを実行する。
c) LANスイッチAで**channel-group 2 mode passive**コマンドを実行する。
d) LANスイッチAで**channel-group 2 mode active**コマンドを実行する。

解答

問1. 正解は、a)です

OSPFの設定を変更した時は、**ospf configure refresh**コマンドで反映が必要です。

b)とc)の**ip route default gateway 203.0.113.1**は、新たにデフォルトゲートウェイを設定するもので、OSPFに反映するものではありません。d)は、このコマンドだけでは設定が反映されません。

問2. 正解は、d)です

LACPリンクアグリゲーションでは、どちらか片方はアクティブモードに設定する必要があります。なお、設定変更する時は事前にpo2を**shutdown**しておく必要があります。設定後は、po2で**no shutdown**を実行します。

a)はスタティックリンクアグリゲーションの設定です。

b)とc)は、他方のLANスイッチと論理インターフェース番号を合わせるように設定していますが、リンクアグリゲーションを構成するためであれば合わせる必要はありません(合わせた方がわかりやすいというのはあります)。2台ともパッシブモードの設定のままでは、リンクアグリゲーションは構成されません。

3章

さまざまな要件に対応する設計、設定工程、テスト

3章では、これまでに説明してこなかったさまざまな要件に対応するための技術について説明します。要件に対して使える技術を説明し、設定例を示す形で説明を進めます。また、必要に応じて、テスト工程で役立つ確認コマンドもご紹介します。

3.1 LAN分割機能

ルーターで、LAN 側のネットワークを複数のサブネットに分割したいという要望がある時に使える技術が LAN 分割機能です。LAN 分割機能は、ルーターの機能です。

3.1.1 LAN 分割機能の概要

RTX830 は、LAN 側に 4 つのポートがあります。この 4 つのポートは、L2 スイッチとして動作して、デフォルトでは 1 つの IP アドレスを持ちます。これが、lan1 になります。lan1 の先に L2 スイッチが接続されていて、4 つのポートにツイストペアケーブルを接続して使えるイメージです。

■ RTX830ポートのイメージ

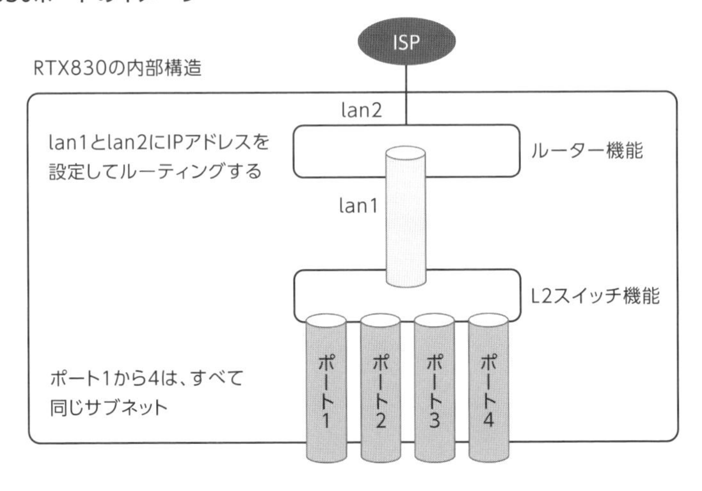

lan1、lan2 など使えるポートは機種によって異なりますが、本書では lan1 を LAN 側、lan2 を ISP 接続側として説明します。

LAN 分割機能は、lan1 を分割して複数の IP アドレスを設定できるようにする機能です。これによって、通常は LAN 側に 1 つのサブネットしか持てないのですが、複数のサブネットを設定して LAN 側だけでもルーティングを行えるようになります。

■ LAN分割機能の概要

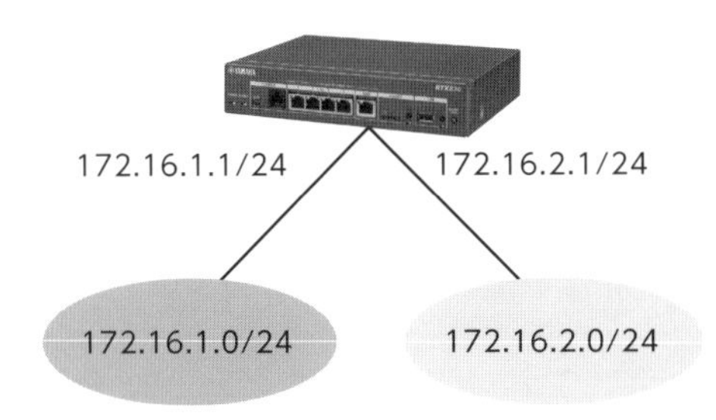

3.1.2 LAN 分割機能の設定

LAN 分割機能の設定は、ポートベース VLAN と似ています。各ポートに VLAN を割り当て、VLAN に IP アドレスを設定します。

■ LAN分割機能の設定内容

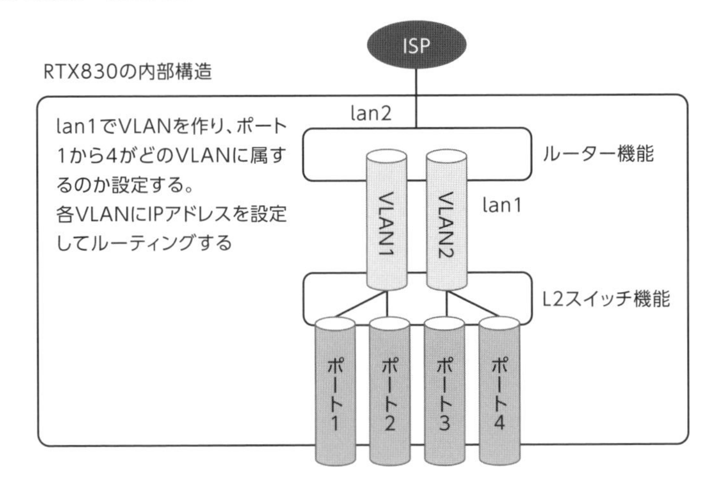

図のとおりに動作させる設定は、以下のとおりです。

```
# lan type lan1 port-based-option=divide-network
# vlan port mapping lan1.1 vlan1
# vlan port mapping lan1.2 vlan1
# vlan port mapping lan1.3 vlan2
# vlan port mapping lan1.4 vlan2
# ip vlan1 address 172.16.1.1/24
# ip vlan2 address 172.16.2.1/24
```

ポート1と2にVLAN 1、ポート3と4にVLAN 2を割り当てています。また、VLAN 1と2それぞれに別サブネットのIPアドレスを設定しています。使えるVLAN番号は機種によって異なりますが、RTX830では1から4が使えます。使える番号は少ないですが、ポートベースVLANなので、必ずしも接続先(LANスイッチなど)のVLAN番号と一致させる必要はありません(タグからVLAN情報を判断するわけではないため、通信可能です)。

なお、ポート1に接続しているとVLAN 1にIPアドレスを設定した時に、接続が途切れます。パソコンのIPアドレスを172.16.1.100などに設定して再接続が必要です。

3.1.3 基本機能の説明と設定

3.1.2項で説明したのは、拡張機能を使った設定方法です。LAN分割機能には基本機能もあります。基本機能は以前からあるしくみで、拡張機能のほうが新しいしくみです。旧機種から新機種に設定を移行する時の互換性（旧機種で使っていた基本機能の設定でも動作する）のため、今でも基本機能を使った設定はできるようになっています。今回は参考のため、基本機能の設定も説明します。

基本機能では、4つのポートをすべて別々に分割します。これによって、サブネットが異なる4つのIPアドレスを設定し、それぞれルーティングが行えます。

■ LAN分割機能の基本機能

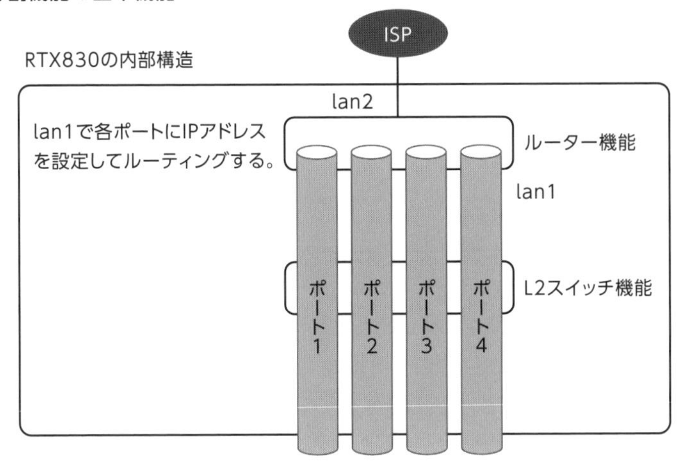

設定は、以下のとおりです。

```
# lan type lan1 port-based-ks8995m=divide-network
# ip lan1.3 address 172.16.3.1/24
# ip lan1.4 address 172.16.4.1/24
```

最初のコマンドで、ポート1だけがlan1に設定されたIPアドレスを持つことになるため、ポート1に接続して設定が必要です。

その次からのコマンドで、lan1.3とlan1.4の**3**と**4**の数字はポートの番号です。それぞれに対して、別サブネットのIPアドレスを設定しています。つまり、ポート3に172.16.3.1/24、ポート4に172.16.4.1/24が設定されます。

基本機能はすべてのポートを別サブネットにしますが、拡張機能ではポートとサブネットの組み合わせを自由に作れるのがメリットです。このため、今後は拡張機能を使った設定が推奨されています。また、基本機能で設定した場合でも、拡張機能を使った設定（コマンド）に自動で変換されます。

まとめ：3.1 LAN分割機能

- LAN分割機能は、4つのポートを2つのサブネットなど自由に分割できる。
- 基本機能は4つのポートをすべて別々のサブネットに分割するが、今後は拡張機能の利用が推奨されている

3.2 ルーターのタグVLAN機能

ルーターのLAN側ネットワークでタグVLANを使いたいという要望がある時、ルーターでもタグVLANを利用できます。

3.2.1 ルーターのタグVLAN概要

ヤマハルーターは、タグVLAN機能によって接続する1台のL2スイッチに複数のサブネット(VLAN)を持たせて、ルーティングで通信させることができます。

■ ヤマハルーターでのタグVLAN利用例

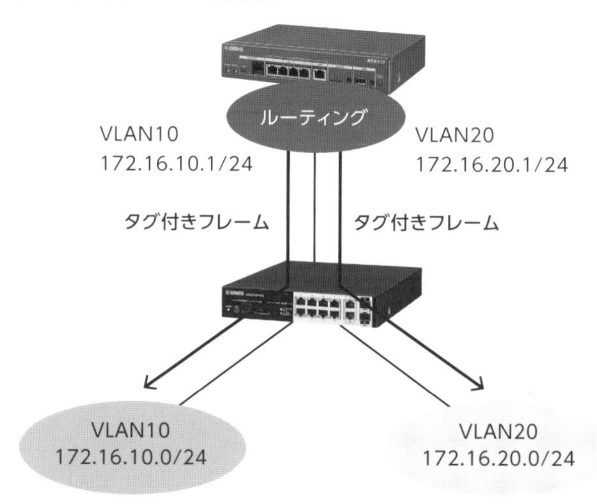

3.2.2 ルーターのタグ VLAN 機能説明と設定

ヤマハルーターでのタグ VLAN のしくみは、以下のとおりです。

■ ヤマハルーターでのタグVLANのしくみ

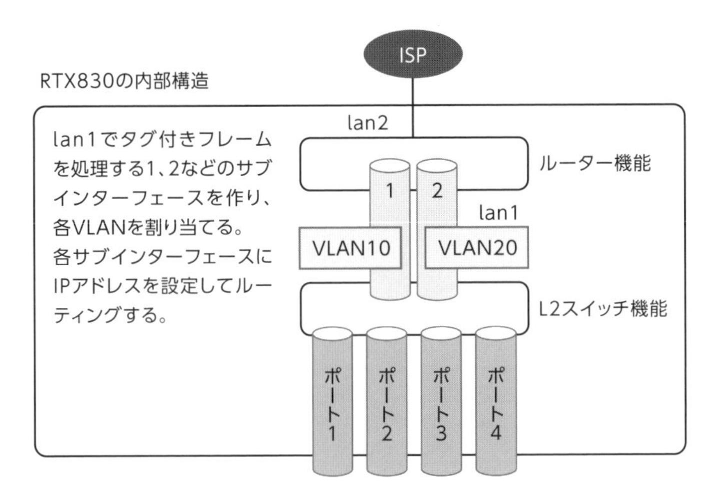

LAN 分割機能の拡張機能と違って、ポート 1 から 4 はすべて VLAN10 も 20 も使えます。上の図では、各ポートでタグ 10 が付いたフレームを受信すると、VLAN 10 として扱ってサブインターフェースの 1 番で受信します。タグ 20 では、サブインターフェースの 2 番で受信します。各サブインターフェースに別サブネットの IP アドレスを設定し、ルーティングを行います。使える VLAN 番号は、2 から 4094 です。

サブインターフェースは、lan1 を分割した論理的なインターフェースです。RTX830 では、32 のサブインターフェースを作れます。

図のとおりに動作させる設定は、以下のとおりです。

```
# vlan lan1/1 802.1q vid=10
# vlan lan1/2 802.1q vid=20
# ip lan1/1 address 172.16.10.1/24
# ip lan1/2 address 172.16.20.1/24
```

lan1/の後の1と2の数字は、サブインターフェースの番号です。各サブインターフェースにvidでVLAN 10と20を割り当てています。また、それぞれのサブインターフェースに対して別サブネットのIPアドレスを設定しています。

サブインターフェースでルーティングするため、LANスイッチのタグVLANと設定方法に違いがありますが、使い方は同じです。接続相手でもタグVLANを設定していれば、タグを利用した通信が可能です。

まとめ：3.2 ルーターのタグ VLAN 機能

- ルーターのタグVLAN機能を使うと、L2スイッチに設定された異なるVLAN間をルーティングによって通信させることができる。
- ルーターのタグVLANでは、サブインターフェースにIPアドレスを設定する。

3.3 ポート分離機能

ルーターで、ポート間の通信を制限したいという要望がある時に使える技術がポート分離機能です。ポート分離機能は、ルーターの機能です。

3.3.1 ポート分離の概要

ヤマハルーターで、ポート間の通信を制限することができるのがポート分離機能です。LAN分割機能が複数のサブネットに分けるのに対し、ポート分離機能は1つのサブネットのまま通信を制限します。

3.3.2 ポート分離機能の設定

ポート分離機能は、ポート間の通信を制限し、ルーティングも必要に応じて制限が可能です。

■ **ポート分離機能の設定内容**

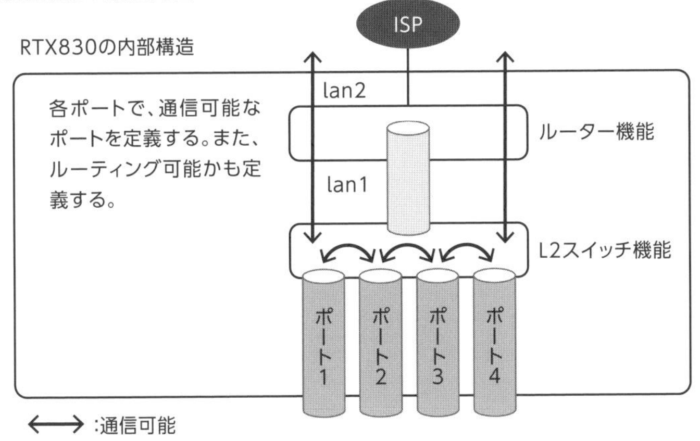

図のとおりに動作させる設定は、以下のとおりです。

```
# lan type lan1 port-based-option=2+,13-,24-,3+
```

カンマ(**,**)で区切られた部分は、各ポートがどのポートと通信可能かを示します。たとえば、設定例ではポート 1 はポート 2 と通信可能です。

+ はルーティング可能、**-** はルーティング不可を示します。省略すると、**+** として扱われます。

このため、それぞれのポートへの設定は、以下の意味になります。

- ポート 1 設定値 ：**2+**
  ポート 2 と通信可能で、ルーティングも可能。
- ポート 2 設定値 ：**13-**
  ポート 1、3 と通信可能で、ルーティングは不可。
- ポート 3 設定値 ：**24-**
  ポート 2、4 と通信可能で、ルーティングは不可。
- ポート 4 設定値 ：**3+**
  ポート 3 と通信可能で、ルーティングも可能。

留意する点として、ポート 1 の設定値を 4(ポート 4 と通信可) としたとしても、ポート 4 の設定値に **1** が含まれていないと双方向で通信はできません。この場合、ポート 1 から 4 への送信ができても、ポート 4 から 1 への応答が遮断されます。

3.3.3　基本機能の説明と設定

先に説明したのは、拡張機能を使った設定方法です。ポート分離機能にも基本機能があります。LAN 分割機能と同じで拡張機能の方が新しく、基本機能で設定した場合でも拡張機能を使った設定に自動で変換されます。今後は拡張機能を使った設定が推奨されていますが、参考のため基本機能の設定も説明します。

基本機能は、ポート間の通信を制限しますが、ルーティングは可能にします。

■ ポート分離機能の基本機能

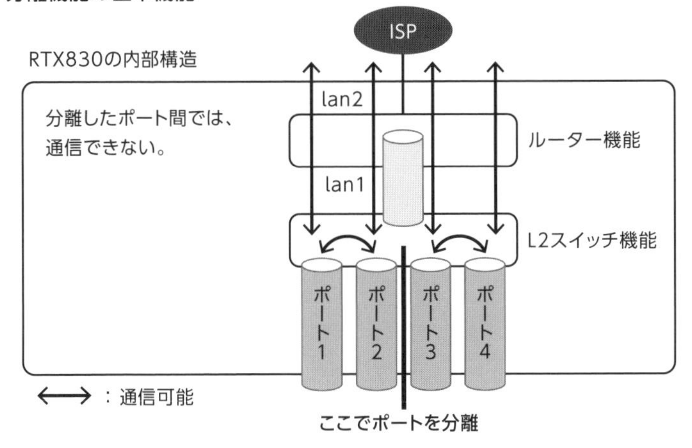

図のとおりに動作させる設定は、以下のとおりです。

```
# lan type lan1 port-based-option=split-into-12:34
```

コロン(**:**)で区切ったポートを分離します。上では、**12:34** と設定しているため、ポート1と2間、ポート3と4間は通信可能ですが、ポート1と3などは通信できません。

いずれのポートも、ルーティングしてインターネットなどと通信が可能です。

もし、すべてのポートを分離する場合、**1:2:3:4** と設定します。この場合、各ポートはルーティングした先とだけ(図の例ではインターネットとだけ)通信可能になります。

まとめ：3.3　ポート分離機能

- ポート分離機能は、サブネットを分割するものではなく、ポート間やインターネットとの通信を制限するものである。
- 基本機能はポート間の通信は制限できるが、インターネットとの通信は制限できない。今後は、細かな制限ができる拡張機能が推奨されている。

3.4 プライベートVLAN機能

LAN スイッチで、インターネットとは通信したいが他のポートとは通信できないようにしたい、一部のポートだけと通信できるようにしたいといった要望がある時は、プライベート VLAN が使えます。

3.4.1 プライベートVLANの概要

プライベート VLAN は、プライマリー VLAN、アイソレート VLAN、コミュニティ VLAN を組み合わせて使います。

■ プライベートVLANのしくみ

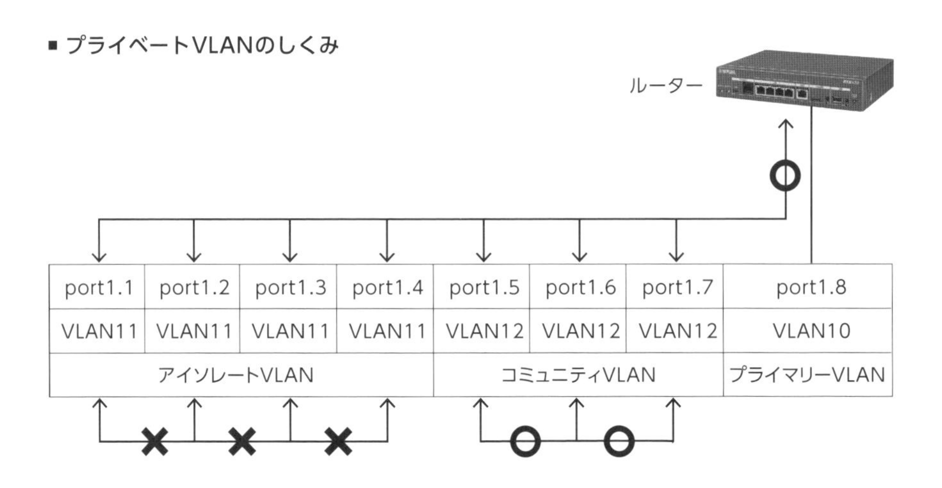

それぞれの VLAN は、以下の特長があります。

・プライマリー VLAN

セカンダリー VLAN(アイソレート VLAN とコミュニティ VLAN) との間で通信可能です。上の図で、port1.8 がアクセスポート、トランクポート、リンクアグリゲーションのどれでも設定できます。プライマリーVLANに設定するポートは、プロミスカスポートと呼ばれます。

・アイソレートVLAN

アイソレートVLAN内であっても通信不可で、プライマリーVLANとだけ通信可能です。アクセスポートだけに設定できます。

・コミュニティVLAN

コミュニティVLAN内とプライマリーVLANと通信可能です。アクセスポートだけに設定できます。複数のコミュニティVLANを作成することもできます。

つまり、プライマリーVLANはルーターなど上位のネットワークと接続するポートに設定し、インターネットなど他のネットワークと通信するために使います。アイソレートVLANとコミュニティVLANは、パソコンやサーバーなどを接続するポートに設定し、各ポート間で通信可能にしたいのかしたくないのかでどちらかを選択します。セカンダリーVLANに設定されたポートを、ホストポートと呼びます。

3.4.2 プライベートVLANの設定

プライベートVLANの設定ですが、まずはVLANを作成する必要があります。

```
SWX3220(config)# vlan database
SWX3220(config-vlan)# vlan 10,11,12
SWX3220(config-vlan)# private-vlan 10 primary        ①
SWX3220(config-vlan)# private-vlan 11 isolated       ②
SWX3220(config-vlan)# private-vlan 12 community      ③
SWX3220(config-vlan)# private-vlan 10 association add 11,12
```

① private-vlan 10 primary

プライマリーVLANを**10**にしています。

② private-vlan 11 isolatede

アイソレートVLANを**11**にしています。

③ private-vlan 12 community

コミュニティVLANを**12**にしています。

④ **private-vlan 10 association add 11,12**

プライマリーVLAN 10に対応するセカンダリーVLANとして、11と12を追加しています。

次は、プロミスカスポート(プライマリーVLANを使うポート)の設定です。

```
SWX3220(config)# interface port1.8
SWX3220(config-if)# switchport mode access
SWX3220(config-if)# switchport access vlan 10
SWX3220(config-if)# switchport mode private-vlan promiscuous        ①
SWX3220(config-if)# switchport private-vlan mapping 10 add 11,12    ②
```

① **switchport mode private-vlan promiscuous**

port1.8をプロミスカスポートに設定しています。

② **switchport private-vlan mapping 10 add 11,12**

プライマリーVLAN 10に対応するセカンダリーVLANとして、11と12を追加しています。

次は、ホストポートにアイソレートVLANを割り当てます。

```
SWX3220(config)# interface port1.1-4
SWX3220(config-if)# switchport mode access
SWX3220(config-if)# switchport access vlan 11
SWX3220(config-if)# switchport mode private-vlan host                    ①
SWX3220(config-if)# switchport private-vlan host-association 10 add 11 ②
```

① **switchport mode private-vlan host**

port1.1-4をホストポートに設定しています。

② **switchport private-vlan host-association 10 add 11**

プライマリーVLAN 10に対応するセカンダリーとして、11を追加しています。

最後に、ホストポートにコミュニティVLANを割り当てます。コマンドは、アイソレートVLANの時と同じです。

```
SWX3220(config)# interface port1.5-7
SWX3220(config-if)# switchport mode access
SWX3220(config-if)# switchport access vlan 12
SWX3220(config-if)# switchport mode private-vlan host
SWX3220(config-if)# switchport private-vlan host-association 10 add 12
```

3.4.3 プライベートVLANの確認

プライベートVLANは、**show vlan private-vlan**コマンドで確認できます。

```
SWX3220# show vlan private-vlan
 PRIMARY        SECONDARY          TYPE         INTERFACES
 -------        ---------       ----------     ----------
      10             11           isolated      port1.1 port1.2
                                                port1.3 port1.4
      10             12          community      port1.5 port1.6
                                                port1.7
```

プライマリーVLAN 10に関連したアイソレートVLANは**11**、コミュニティVLANは**12**であることがわかります。また、アイソレートVLANは**port1.1-4**、コミュニティVLANは**port1.5-7**に割り当てられていることもわかります。

まとめ：3.4　プライベートVLAN機能

- プライベートVLAN機能では、プライマリーVLANとセカンダリーVLANを作る必要がある。
- セカンダリーVLANには、アイソレートVLANとコミュニティVLANがある。

3.5 マルチプルVLAN機能

LAN スイッチで、同じ VLAN であっても通信可能なポートや、通信不可なポートの組み合わせを作りたいといった要望がある時は、マルチプル VLAN が使えます。

3.5.1 マルチプル VLAN の概要

マルチプル VLAN 機能は、ルーターのポート分離機能に似た LAN スイッチの機能です。

ポートをマルチプル VLAN グループに分けて、同じマルチプル VLAN グループに属するポート間のみ通信可能にします。これは、次のように動作します。

- 同じ VLAN であっても、マルチプル VLAN グループが違えば通信はできません。
- 複数のマルチプル VLAN グループに属せます。その場合、どちらのグループのポートでも通信可能です。
- VLAN が異なる場合でもマルチプル VLAN グループが同じであれば、ルーティングして通信が可能です。
- マルチプル VLAN グループに属さないポート同士の通信は、同一 VLAN 内であれば通信が可能です。VLAN が異なる場合は、VLAN 間ルーティングしていれば通信可能です。
- トランクポートに設定した場合、すべての VLAN がそのマルチプル VLAN グループに属することになります (1 つのトランクポートで VLAN ごとにグループを分けることはできません)。

以下は、マルチプル VLAN を使った例です。

■ マルチプルVLANの例

グループ1

port1.1	port1.3	port1.5	port1.7
VLAN 10	VLAN 10	VLAN 10	VLAN 10
VLAN 20	VLAN 20	VLAN 20	VLAN 20
port1.2	port1.4	port1.6	port1.8

グループ2

上記で、VLAN 間ルーティングしている場合、通信可能なポートの組み合わせは、以下のとおりです (VLAN 間ルーティングしていない場合、以下の組み合わせの内、同一 VLAN とだけ通信可能です)。

グループ 1 ：port1.1、port1.2、port1.3、port1.4
グループ 2 ：port1.4、port1.6
未設定 ：port1.5、port1.7、port1.8

port1.4 は両方のグループに属しているため、port1.1、1.2、1.3、1.6 と通信可能です。

プライベート VLAN と違うのは、同じ VLAN であってもグループを自由に作れるということです。プライベート VLAN であれば、アイソレート VLAN を割り当てると、そのポート間はすべて通信不可になります。

逆に、ルーターとの通信以外はすべてのポート間で通信不可にしたい場合、プライベート VLAN ではアイソレート VLAN を割り当てればいいので使いやすいとも言えます。マルチプル VLAN で設定すると、たくさんのグループを作る必要があります。

3.5.2 マルチプルVLANの設定

ルーターとL2スイッチが接続されたネットワークを例に、設定を説明します。サブネットはすべて192.168.100.0/24で、同じVLANになっている前提です。

■ マルチプルVLANの設定を説明するためのネットワーク

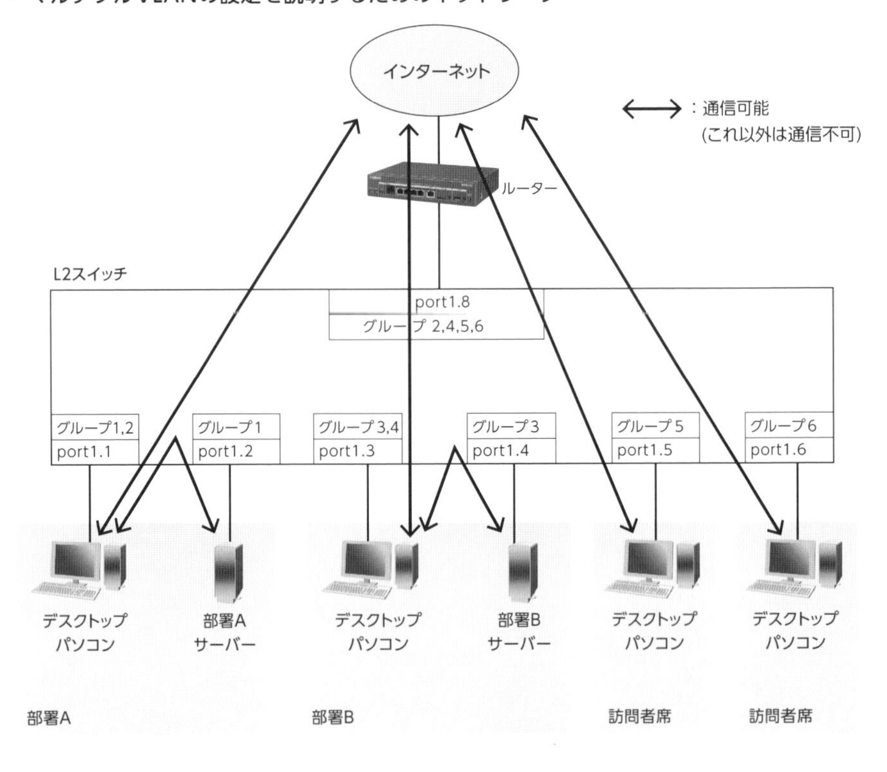

※すべてのポートは、デフォルトのVLAN 1が割り当てられているとします。

ポイントとしては、同じ部署内は通信可能で、インターネットも使えます。訪問者席ではインターネットだけ使え、訪問者間であっても通信できないようにします。これは、よくあるポート分離の考え方です。

ルーターの設定は、小規模ネットワークの時と同様です。LANスイッチは、次のように設定します。

```
SWX2310P(config)# interface port1.1
SWX2310P(config-if)# switchport multiple-vlan group 1-2
SWX2310P(config-if)# exit
SWX2310P(config)# interface port1.2
SWX2310P(config-if)# switchport multiple-vlan group 1
SWX2310P(config-if)# exit
SWX2310P(config)# interface port1.3
SWX2310P(config-if)# switchport multiple-vlan group 3-4
SWX2310P(config-if)# exit
SWX2310P(config)# interface port1.4
SWX2310P(config-if)# switchport multiple-vlan group 3
SWX2310P(config-if)# exit
SWX2310P(config)# interface port1.5
SWX2310P(config-if)# switchport multiple-vlan group 5
SWX2310P(config-if)# exit
SWX2310P(config)# interface port1.6
SWX2310P(config-if)# switchport multiple-vlan group 6
SWX2310P(config-if)# exit
SWX2310P(config)# interface port1.8
SWX2310P(config-if)# switchport multiple-vlan group 2,4,5,6
SWX2310P(config-if)# exit
```

各ポートに対して、**switchport multiple-vlan group** コマンドを使って番号を設定しています。

3.5.3 マルチプルVLANの確認

マルチプルVLANグループの設定状況は、**show vlan multiple-vlan** コマンドで確認できます。

```
SWX2310P# show vlan multiple-vlan
GROUP ID  Name                              Member ports
========  ================================  =====================
1         GROUP0001                         port1.1 port1.2
2         GROUP0002                         port1.1 port1.8
3         GROUP0003                         port1.3 port1.4
4         GROUP0004                         port1.3 port1.8
5         GROUP0005                         port1.5 port1.8
6         GROUP0006                         port1.6 port1.8
```

グループ1にport1.1、1.2、グループ2にport1.1、1.8が属しているなどがわかります。

まとめ：3.5　マルチプルVLAN機能

- マルチプルVLANは、ポートをグループに所属させて、同じグループ内の通信を可能にする。
- マルチプルVLANは、同じVLAN IDが割り当てられたポートでも、グループが異なれば通信できません。

3.6 RIP

小規模なネットワークで経路の切り替えも不要なので、OSPFより簡単な動的ルーティング(ダイナミックルーティング)を使いたいといった要望がある時は、RIP(Routing Information Protocol)が使えます。

RIPは、ルーターでもL3スイッチでも使えます。

3.6.1 RIPの概要

RIPは、動的ルーティングの一種です。OSPFと比較して簡単な設定で動的ルーティングを実現できます。

RIPは、経路情報を30秒間隔で送信して一定時間受信できないと経路が失われたと判断します。このため、経路が冗長化されていた(2つ以上の経路がある)場合、OSPFと比較して他の経路に切り替える(失われていない経路で通信可能になるまでの)時間が遅くなります。

RIPには、RIPv1(バージョン1)とRIPv2(バージョン2)があります。それぞれの特長を簡単に説明します。

RIPv1

RIPv1は、ルーターから送信される情報は、目的ネットワーク、ゲートウェイIPアドレス、メトリックになります。

■ RIPv1のしくみ

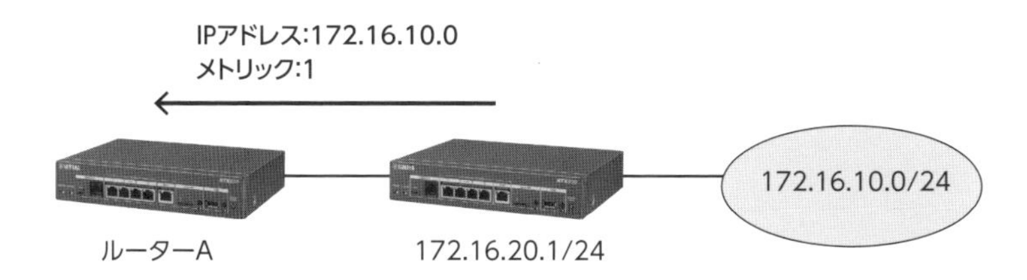

これで、ルーター A のルーティングテーブルには、以下のように反映されます。

- ネットワーク ：172.16.10.0/24
- ゲートウェイ ：172.16.20.1(RIP の送信元 IP アドレスを使う)
- メトリック ：1

RIPv1 では、メトリック (経路が複数ある時の優先度で、OSPF ではコストに該当) にホップ数を使っています。ホップ数とは、経由したルーターの数です。つまり、ルーターを 1 つ経由するたびにメトリックを 1 加算して RIP を送信します。ホップ数の最大値は 16 で、16 は無効になった経路を示します。このため、ルーターを 16 以上経由する大規模なネットワークでは使えません。

実は、RIPv1 で送られてくる情報には、サブネットマスクが含まれていません。しかし、先の説明でルーティングテーブルには 172.16.10.0/24 とサブネットマスクが反映されています。これは、ルーター A のポートに設定されたサブネットマスクをそのまま反映しています。これは、送られてくる経路情報で異なるサブネットマスクが使われていても (たとえば 172.16.10.0/25 であっても) 反映できないことを意味します。

つまり、RIPv1 はサブネットマスクが統一されたネットワークでしか使えません。

RIPv2

RIPv2 は、RIPv1 の情報に加えてサブネットマスクの情報も送ります。このため、受信したルーターではそのサブネットマスクもルーティングテーブルに反映します。つまり、RIPv2 は VLSM(Variable Length Subnet Mask ：可変長サブネットマスク) に対応しています。

VLSM に対応していれば、たとえば 200 台のパソコンが接続されるサブネットでは 255.255.255.0 のサブネットマスクを使い、100 台のパソコンが接続されるサブネットでは 255.255.255.128 のサブネットマスクを使うというように、サブネットマスクを変えてネットワークを構成することができます。

3.6.2 RIPの設定

RIPは、ルーターでもL3スイッチでも利用できます。このため、両方の設定を説明します。

例として、1章ではルーターとコアスイッチ間を静的ルーティングで設定しましたが、この間をRIPで設定してみます。

■ 小規模ネットワークでRIPを使う例

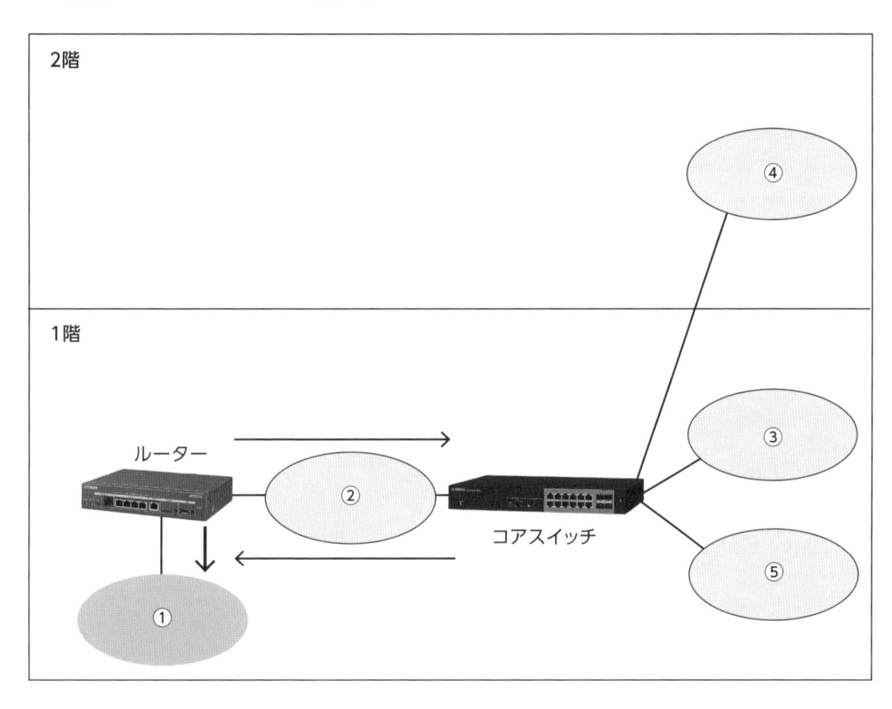

ルーターからコアスイッチへのRIPでは、デフォルトルートを送信します。コアスイッチからルーターへは、③④⑤のサブネットの情報を送信します。これで、静的ルーティングの時と同様にルーティングができるようになります。また、メリットとして、コアスイッチにサブネットが追加された時も、自動でルーターのルーティングテーブルに反映されます。

RIPは、OSPFと違ってほとんど設定を有効にするだけで動作します。今回は、

RIPv2の設定について説明します。

ルーターでのRIPの設定は、以下のとおりです。

```
# rip use on                          ①
# ip lan1 rip send on version 2       ②
# pp select 1
pp1# ip pp rip send off               ③
pp1# ip pp rip receive off            ④
```

① **rip use on**

RIPを有効にしています。

② **ip lan1 rip send on version 2**

RIPで送信するバージョンを**2**に指定しています。送信するバージョンのデフォルトは**1**です。また、受信はデフォルトで**1**も**2**も行います。このため、このコマンドを設定しない場合は、RIPv1で送受信されます。

③ **ip pp rip send off**

インターネットにRIPを送信しないように、ppインターフェースで**off**にしています。

④ **ip pp rip receive off**

インターネットからのRIPを受信しないように、ppインターフェースで**off**にしています。

ルーターではインターネット側がデフォルトルートになっていますが、自動でRIPに再配布されます。つまり、コアスイッチのデフォルトルートはルーターになります。

次は、L3スイッチの設定です。

```
Core(config)# router rip
Core(config-router)# network 172.16.0.0/16
```

router ripでRIPモードに移行します。**network**コマンドで、RIPが有効なネットワーク範囲を設定します。この範囲にあるIPアドレスを設定したVLANが、RIPの送受信を行います。また、SWX3220-16MTではRIPのデフォルトはバージョン2です。もし、バージョン1にしたい場合は、RIPモードで**version 1**コマンドを実行します。

3.6.3 RIPの確認

RIPの確認は、ルーティングテーブルで行えます。以下は、ルーターのルーティングテーブルです。

```
# show ip route
宛先ネットワーク          ゲートウェイ          インタフェース    種別    付加情報
default                   -                     PP[01]     static
172.16.1.0/24             172.16.1.1              LAN1   implicit
172.16.10.0/24            172.16.1.2              LAN1        RIP   metric=1
172.16.20.0/24            172.16.1.2              LAN1        RIP   metric=1
172.16.100.0/24           172.16.1.2              LAN1        RIP   metric=1
```

コアスイッチから受信した経路は、種別がRIPとなっています。

次は、コアスイッチのルーティングテーブルです。

```
Core# show ip route
Codes: C - connected, S - static, R - RIP
       O - OSPF, IA - OSPF inter area
       N1 - OSPF NSSA external type 1, N2 - OSPF NSSA external type 2
       E1 - OSPF external type 1, E2 - OSPF external type 2
       * - candidate default

Gateway of last resort is 172.16.1.1 to network 0.0.0.0

R*      0.0.0.0/0 [120/2] via 172.16.1.1, vlan1, 00:02:11
C       172.16.1.0/24 is directly connected, vlan1
C       172.16.10.0/24 is directly connected, vlan10
C       172.16.20.0/24 is directly connected, vlan20
C       172.16.100.0/24 is directly connected, vlan100
```

左端でRと表示されているのが、RIPで受信した経路です。0.0.0.0/0なので、ルーターからデフォルトルートを受信しているのがわかります。

まとめ：3.6 RIP

- RIPはRIPv1とRIPv2があり、RIPv2であればVLSMが使える。
- ルーターやコアスイッチでRIPの設定をする際は、バージョンを一致させる必要がある。

3.7 フィルタ型ルーティング

送信元の IP アドレスや通信内容によって、ルーティング先を変えたいといった要望がある時は、フィルタ型ルーティングを使います。

フィルタ型ルーティングは、ルーターの機能です。

3.7.1 フィルタ型ルーティングの概要

フィルタ型ルーティングとは、IP アドレスなどの条件によってルーティング先を変える機能です。

■ フィルタ型ルーティングの概要

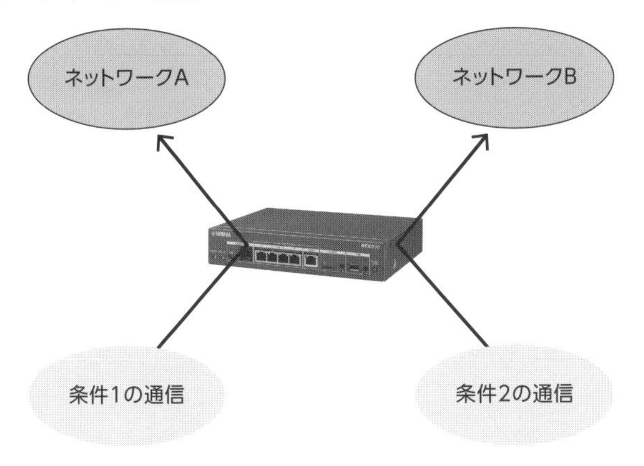

上記のように、条件 1 に当てはまる通信はネットワーク A へ、条件 2 に当てはまる通信はネットワーク B に送信することができます。

3.7.2 フィルタ型ルーティングの設定

フィルタ型ルーティングの設定例を2つご紹介します。

1つ目は、2つのISPと契約していた場合です。この時、フィルタ型ルーティングを使うと、送信元のIPアドレスによって負荷分散させることができます。

■ フィルタ型ルーティングの例(ISPを負荷分散)

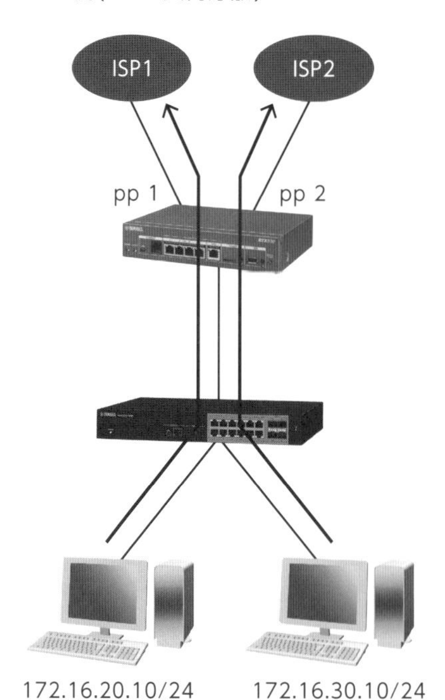

上記は、172.16.20.0/24からの通信であればISP1、それ以外からの通信であればISP2へ送信するようにしています。

これを実現する設定は、以下のとおりです。

```
# ip filter 1 pass 172.16.20.0/24 * * * *
# ip route default gateway pp 1 filter 1 gateway pp 2
```

これは、172.16.20.0/24の範囲のIPアドレスが送信元の場合、pp1がデフォルトルートになります。1行目でIPアドレスの範囲を指定し、2行目の **filter 1** でその範囲にあればpp1がデフォルトルートになるためです。それ以外では、pp2がデフォルトルートになります(**gateway pp 2** が該当)。

2つ目は、以下のように支店は必ずIPsecで接続した本社を経由してインターネットと通信させたい場合です。

■ 必ず本社を経由してインターネットと通信する例

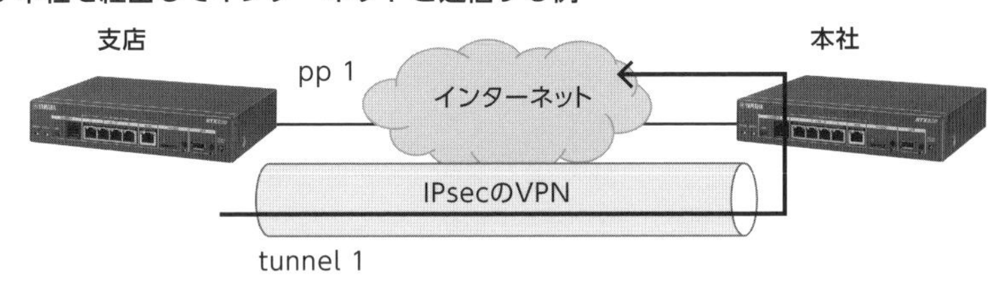

これは、本社側でセキュリティ機能が充実している場合に考えられる構成です。たとえば、本社でインターネット接続先を制限したりします。

この場合、支店側ルーターでフィルタ型ルーティングの設定を行います。設定は、以下のとおりです。

```
# ip filter 1 pass * * udp * 500
# ip filter 2 pass * * esp * *
# ip route default gateway pp 1 filter 1 2 gateway tunnel 1
```

UDPの500番ポートは、IPsecを接続するためのIKE(Internet Key Exchange)で使います。ESPは、実際の通信で使うIPsec SAで使います。

このため、IPsec自体の通信はpp 1がデフォルトゲートウェイになりますが、それ以外(トンネル内を通る本社やインターネット宛ての通信)であればtunnel 1インターフェースがデフォルトゲートウェイになります。

まとめ：3.7　フィルタ型ルーティング

- フィルタ型ルーティングは、条件によってルーティング先を変える機能である。
- フィルタ型ルーティングは、ip filterコマンドで条件を設定し、ip routeコマンドで各条件でのゲートウェイを指定する。

3.8 Twice NAT機能

IP アドレスが重複した 2 つの支店を、拠点間接続 VPN でつなぎたいといった要望がある時は、Twice NAT が使えます。

Twice NAT は、ルーターの機能です。

3.8.1 Twice NATの概要

Twice NAT は、プライベートアドレスが衝突 (同じアドレス範囲) している時、送信元も宛先も 1 つのルーターで同時に変換することで、衝突していないように見せる技術です。

たとえば、A 支店と B 支店は同じ 192.168.100.0/24 のネットワークを使っていたとします。その後、A 支店と B 支店を IPsec で接続することになった場合、同じ 192.168.100.0/24 を使っているためルーティングできないといった課題が発生します。

■ プライベートアドレスが衝突するネットワークの接続

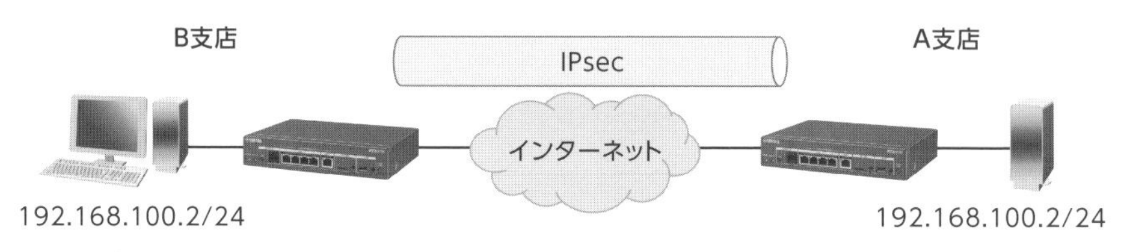

これは、会社の合併などでもよく起こる課題です。2 つの会社で同じ IP アドレスを使っている場合、簡単にすべての機器の IP アドレスを変更できないが、通信はさせないといけないといったことが発生します。

これは、双方のルーターで静的 NAT を設定すると実現可能ですが、Twice NAT を使うと片側のルーターだけで実現できます。

■ 衝突を回避する方法(Twice NAT)

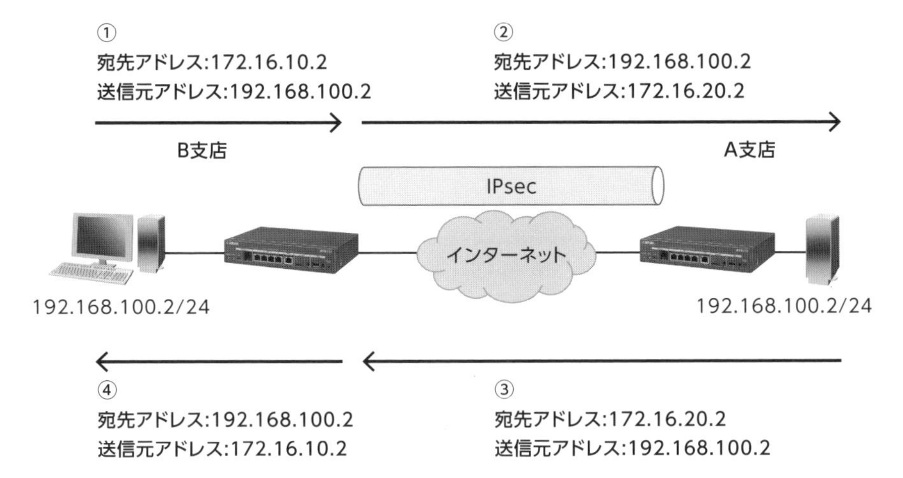

上記のしくみは、以下のとおりです。

① B 支店のパソコンは、サーバーと通信するために宛先 172.16.10.2(本来は 192.168.100.2 としても)、送信元 192.168.100.2 で送信します。
② B 支店のルーターは、Twice NAT 機能によって宛先 192.168.100.2、送信元 172.16.20.2 に変換します。
③ サーバーからの応答は宛先 172.16.20.2(②で送信元が 172.16.20.2 だったため) で、送信元が 192.168.100.2 になります。
④ B 支店のルーターは、Twice NAT 機能によって宛先 192.168.100.2、送信元 172.16.10.2 に変換してパソコンに届けます。パソコンでは、宛先のサーバー (172.16.10.2) から応答があったと認識して、通信が成立します。

3.8.2 Twice NATの設定

概要で説明したのと同じ動きをするための設定は、以下のとおりです。設定は、B支店のルーターで行います。

```
# nat descriptor type 2000 nat
# nat descriptor address outer 2000 172.16.20.1-172.16.20.254    ①
# nat descriptor static 2000 1 172.16.20.1=192.168.100.1 254     ②
# nat descriptor type 2001 nat
# nat descriptor address outer 2001 172.16.10.1-172.16.10.254    ③
# nat descriptor static 2001 1 172.16.10.1=192.168.100.1 254     ④
# tunnel select 1
tunnel1# ip tunnel nat descriptor 2000 reverse 2001              ⑤
tunnel1# tunnel select none
# ip route 172.16.10.0/24 gateway tunnel 1                       ⑥
```

①nat descriptor address outer 2000 172.16.20.1-172.16.20.254

B支店の外側(outer)で使うアドレスとして、172.16.20.1から172.16.20.254を定義しています。これが、A支店から見えるアドレスです。

②nat descriptor static 2000 1 172.16.20.1=192.168.100.1 254

172.16.20.1と192.168.100.1の間で変換する設定をしています。最後の254は、連続するIPアドレスで何個まで同様に変換するかを示しています。このため、172.16.20.2であれば192.168.100.2、172.16.20.3であれば192.168.100.3と変換されます。

③nat descriptor address outer 2001 172.16.10.1-172.16.10.254

A支店の外側(outer)で使うアドレスとして、172.16.10.1から172.16.10.254を定義しています。これが、B支店から見えるアドレスです。

④nat descriptor static 2001 1 172.16.10.1=192.168.100.1 254

172.16.10.1から254が、192.168.100.1から254の間で変換する設定をしています。

⑤ip tunnel nat descriptor 2000 reverse 2001

tunnelインターフェースにNATディスクリプター2000と2001を適用しています。

⑥ **`ip route 172.16.10.0/24 gateway tunnel 1`**

相手先を192.168.100.0/24ではなく172.16.10.0/24に偽っているため、そのサブネットに対して静的ルーティングを設定します。

⑤で、2001を適用する時の**`reverse`**キーワードが最大のポイントです。通常の静的NATであれば、LAN側に接続された機器のIPアドレスを外側に接続された機器に対して偽ります(たとえば、グローバルアドレスに変換します)。これを、順方向と呼びます。①と②は、その設定です。このため、A支店からはB支店が172.16.20.0/24のネットワークに見えます。

■ 支店Aのサーバーから見たネットワーク

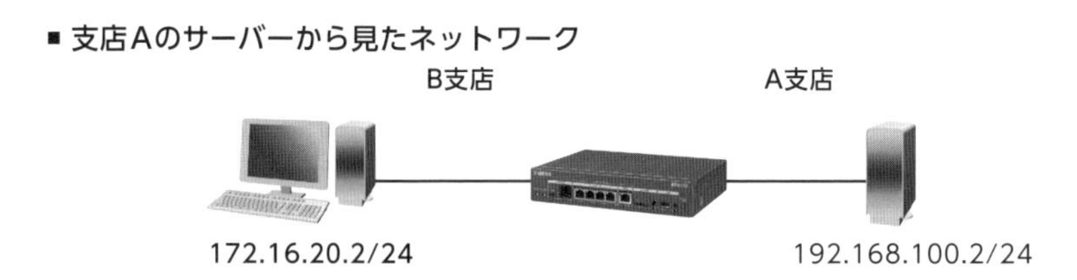

※172.16.20.2/24は、ルーターがサーバーに対して偽ったアドレス

`reverse`キーワードで指定したNATは、外側に接続された機器のIPアドレスをLAN側に接続された機器に対して偽ります。これを、逆方向と呼びます。③と④は、その設定です。このため、支店Bからは支店Aが172.16.10.0/24のネットワークに見えます。

■ 支店Bのパソコンから見たネットワーク

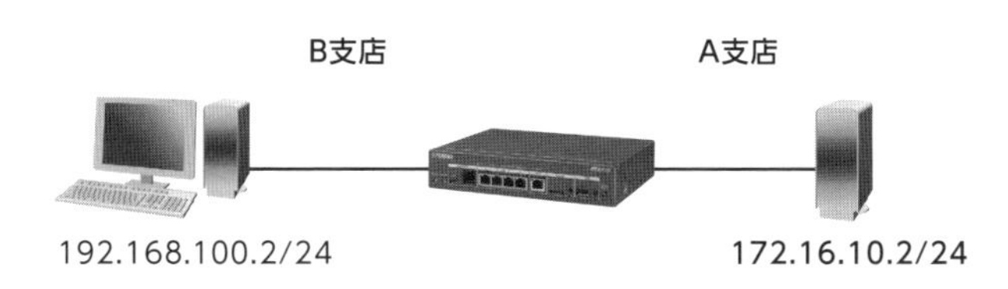

※172.16.10.2/24は、ルーターがパソコンに対して偽ったアドレス

つまり、外側に接続された機器だけでなく、LAN側に接続された機器に対してもIPアドレスを偽ることで、IPアドレスが重複していないように見せています。

A支店側では、Twice NAT関連の設定は不要ですが、静的ルーティングの設定だけ留意が必要です。A支店側ルーターでは、B支店側が172.16.20.0/24のネットワークに見えるため、**`ip route 172.16.20.0/24 gateway tunnel 1`**と設定します。

なお、パソコンからサーバーへ通信する際は、IPアドレスを172.16.10.2と指定して通信する必要があります。このため、DNSを利用するのであれば、A支店のサーバーを172.16.10.2でAレコード(FQDNからIPアドレスが引ける)に登録する必要があります。

まとめ：3.8　Twice NAT機能

- Twice NATを使うと、IPアドレスが重複した2拠点であっても拠点間接続VPNでつないで通信できる。
- Twice NATでは、相手のIPアドレスを互いに異なるIPアドレスに見えるように変換する。このため、通信先を指定する時は、変換されたIPアドレスを指定する必要がある。

3.9 インターネット接続のバックアップ

2つのISPと契約して、1つのISPが利用できなくなった時に切り替えたいといった要望がある時は、インターネット接続のバックアップが有効です。

インターネット接続のバックアップは、ルーターの機能です。

3.9.1 インターネット接続のバックアップ3パターン

インターネット接続のバックアップとは、インターネットと通信できなくなった時にバックアップ回線へ切り替えることです。次からは、インターネット接続のバックアップとして3通りの方法を説明します。

ネットワークバックアップ

重要な接続先をICMP Echo(通信先から応答があるか確認するping)で監視し、Replayがないと経路を切り替える方法です。

■ ネットワークバックアップのしくみ

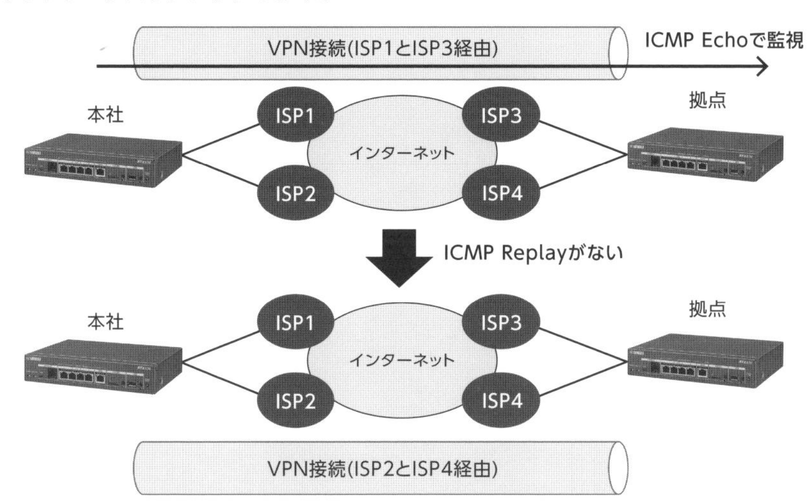

ネットワークバックアップは、ヤマハルーター独自の機能です。

フローティングスタティック

インターネットからの動的ルーティング情報が受信できなくなった時に、静的ルーティングの経路に切り替える方法です。

■ フローティングスタティックのしくみ

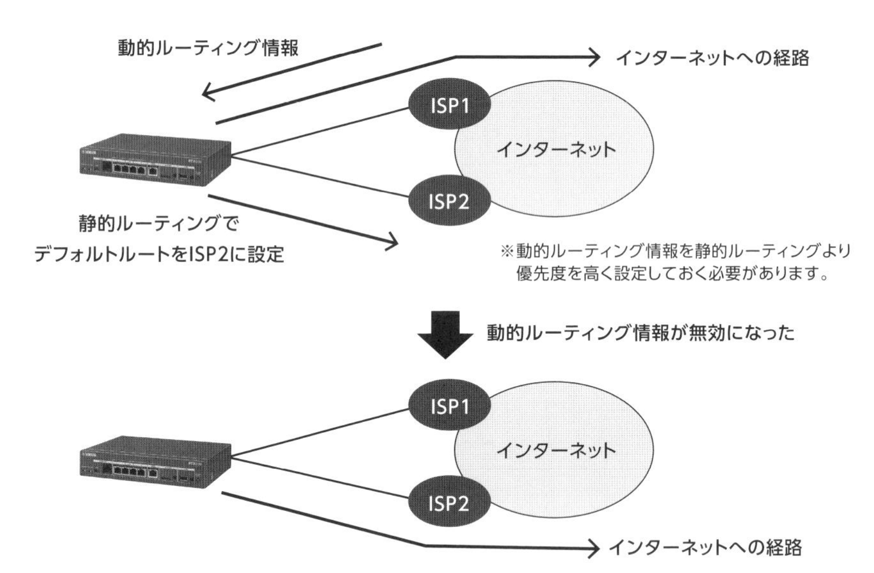

インターフェースバックアップ

ISPとの接続でダウンを検知した時、バックアップ側のISPに切り替える方法です。

■ インターフェースバックアップのしくみ

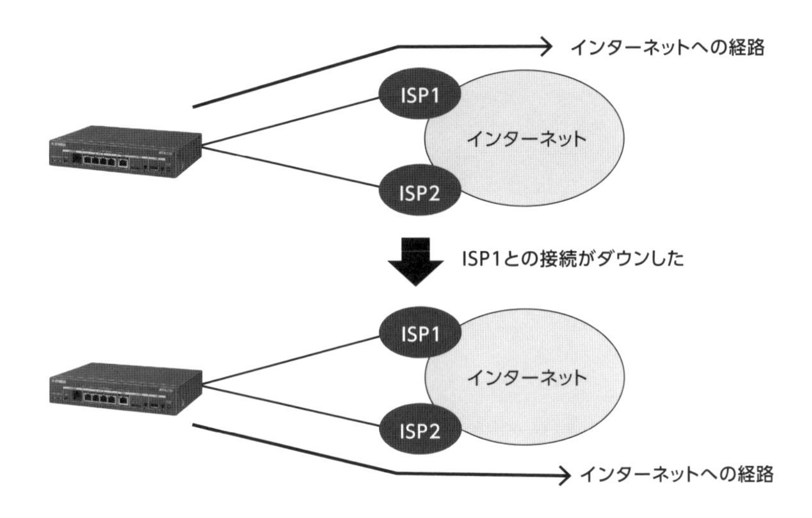

次からは、各パターンでの設定を説明します。

3.9.2 ネットワークバックアップの設定

ネットワークバックアップの設定を説明するにあたって、前提とするネットワークは以下とします。

■ ネットワークバックアップの設定を説明するためのネットワーク

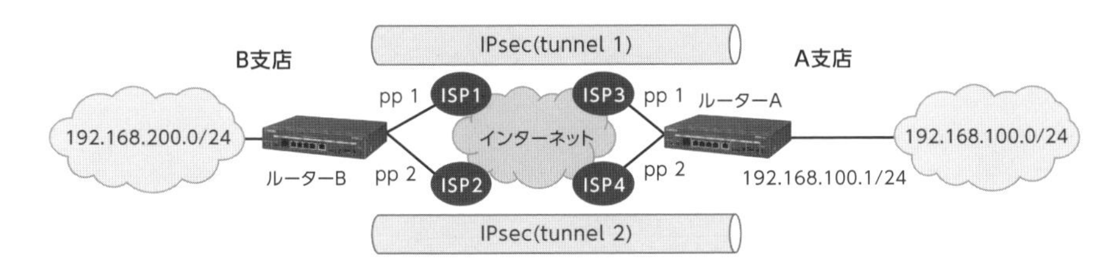

前ページの図では、各支店のルーターで2つのISPと契約しているものとします。アクセス回線(フレッツ光を接続する光ファイバーケーブルなど)が1つで2つのISPと契約していても、アクセス回線が2つで別の通信事業者と契約してもかまいません。アクセス回線が2つの場合は、ルーターもアクセス回線に接続するポートが2つ必要になります(RTX830ではなくRTX1220などが必要)が、アクセス回線の障害にも対応可能になります。

■ 2つのISPとの接続形態

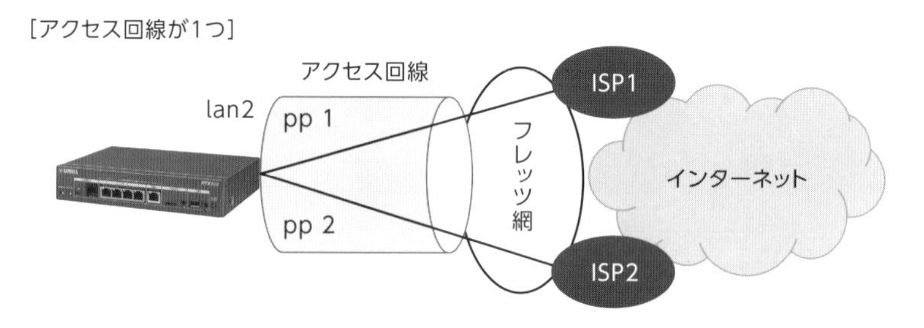

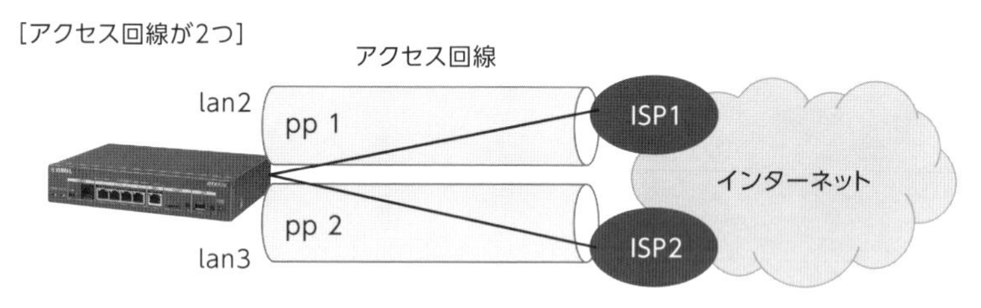

※lan2と3など、アクセス回線に接続するポートが
2つ必要ですが、lan2障害時もlan3に切り替え可能

それぞれのISPを経由して、tunnel 1とtunnel 2の2つのIPsecが接続されているものとします(pp 1、pp 2、tunnel 1、tunnel 2それぞれ設定されているものとします)。

tunnel 1で障害があった時、tunnel 2に切り替えたいとします。この時のルーターBでのネットワークバックアップの設定は、以下のとおりです。

```
# ip keepalive 1 icmp-echo 10 6 192.168.100.1    ①
# ip route 192.168.100.0/24 gateway tunnel 1 keepalive 1 gateway
 tunnel 2 weight 0                               ②
```

① ip keepalive 1 icmp-echo 10 6 192.168.100.1

監視先として、ルーターAのLAN側IPアドレスを設定しています。10秒間隔で監視し、6回応答がないと通信できないと判断します。**keepalive**の後の**1**は、識別番号です。

② ip route 192.168.100.0/24 gateway tunnel 1 keepalive 1 gateway tunnel 2 weight 0

192.168.100.0/24宛ての通常経路として、tunnel 1を設定しています。**keepalive 1**を指定しているため、識別番号1の監視に応答がない場合は、tunnel 2に経路が切り替わります。

ルーターAでも同様の設定が必要です。

weightを**0**にしていると、tunnel 1で監視の応答がなくならないかぎり、tunnel 2は使われません。つまり、アクティブ・スタンバイです。監視の応答がなくなった時、**show ip route**コマンドで確認すると、以下のように**(down)**と表示されて、tunnel 1の経路が無効になったことがわかります。つまり、tunnel 2経由で通信が行われます。

```
# show ip route
宛先ネットワーク        ゲートウェイ          インタフェース      種別   付加情報
default                 -                       PP[01]    static
192.168.200.0/24        192.168.200.1             LAN1  implicit
192.168.100.0/24        -                    TUNNEL[1]    (down)  k(1)
192.168.100.0/24        -                    TUNNEL[2]    static  w(0)
```

この時点でも、ICMP Echoは元のtunnel 1経由で監視します。このため、tunnel 2経由でICMP Echoが到達可能であっても、通信経路がtunnel 1に戻ったりしません。tunnel 1経由のICMP Echoで応答があった時に、自動で戻ります。

3.9.3 フローティングスタティックの設定

フローティングスタティックの設定を説明するにあたって、前提とするネットワークは以下とします。

■ フローティングスタティックの設定を説明するためのネットワーク

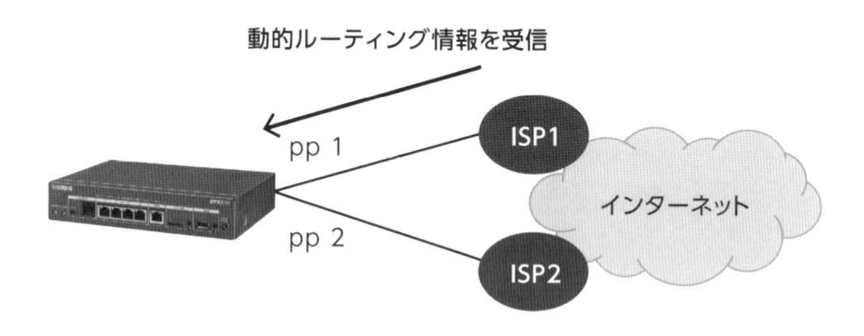

2つのISPと契約し、pp 1とpp 2で接続していたとします。こちらも、アクセス回線が1つでも2つでもかまいません。

ISP1から動的ルーティング情報を受信できなくなった時、ISP2側に経路を切り替えたいとします。これを実現するための、フローティングスタティックの設定は、以下のとおりです。動的ルーティング情報として、BGP(Border Gateway Protocol)を利用している前提です。

```
# bgp preference 10001                ①
# ip route default gateway pp 2       ②
```

① bgp preference 10001

BGPの経路を、静的ルーティングより優先します。これにより、BGPの経路が静的ルーティングより優先してルーティングテーブルに反映されます。

② ip route default gateway pp 2

静的ルーティングで、デフォルトゲートウェイを **pp 2** にしています。BGPの経路がない、またはBGPの経路が失われた場合、この経路が使われます。

経路の優先度は、デフォルトでは以下になっています。

■ 経路の優先度

ルーティングプロトコル	値
静的ルーティング	10000
OSPF	2000
RIP	1000
BGP	500

同じ経路があった場合、値が大きいほど優先されます。たとえば、OSPFでもRIPでも172.16.1.0/24の経路を受信した場合、デフォルトではOSPFの経路が優先されてルーティングテーブルに反映されます。

デフォルトでは、静的ルーティングの値が10000なので一番優先されます。**bgp preference 10001**は、この優先度を10001とし、静的ルーティングより優先させ、静的ルーティング側をバックアップ経路にしています。もし、BGPの経路を受け取れなくなると、静的ルーティング側がルーティングテーブルに反映されます。

どちらの経路が有効になっているかは、**show ip route**コマンドで確認できます。

3.9.4 インターフェースバックアップの設定

インターフェースバックアップの設定を説明するにあたって、前提とするネットワークは以下とします。

■ インターフェースバックアップの設定を説明するためのネットワーク

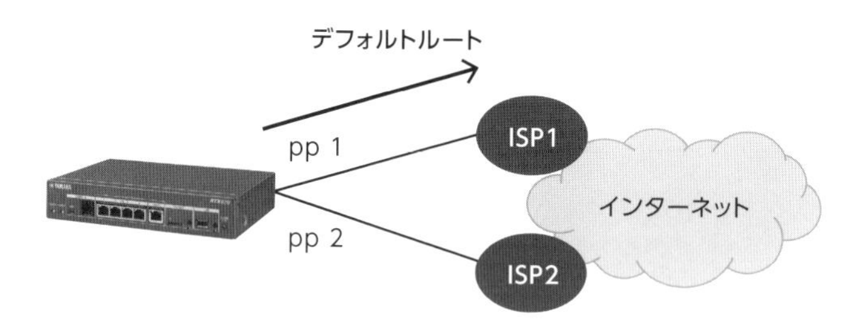

2つのISPと契約し、pp 1とpp 2で接続されていて、デフォルトルートはpp 1側とします。こちらも、アクセス回線が1つでも2つでもかまいません。ISP1との接続が途切れた時、ISP2側に接続を切り替えたいとします。

これを実現するための、インターフェースバックアップの設定は、以下のとおりです。

```
# pp select 1              ①
pp1# pp backup pp 2        ②
```

① **pp select 1**

アクティブとなるpp 1を選択しています。

② **pp backup pp 2**

バックアップ回線として、pp 2を設定しています。

上記により、デフォルトルートをpp 1にしていた場合でも、pp 1がダウンするとpp 2がデフォルトルートに切り替わります。

どちらのppインターフェースが使われているか確認する時は、**show status backup**コマンドを使います。

```
# show status backup
  INTERFACE   DLCI   BACKUP                          STATE          TIMER
  -----------------------------------------------------------------------
  PP[01]             PP[02]                          master
```

STATEが**master**になっているため、**PP[01]**側(pp 1)が使われています。もし、切り替わった場合は**STATE**が**backup**と表示されます。

DNSを問い合わせるサーバーも切り替えが必要な時は、以下の設定を追加します。

```
# dns server select 500001 pp 1 any . restrict pp 1
# dns server select 500002 pp 2 any . restrict pp 2
```

pp 1がダウンすると、pp 2側のDNSサーバー(ISP2からPPPoEで自動取得したDNSサーバーのIPアドレス)に問い合わせを行います。500001と500002は数字が小さい方が優先されます。ただし、**restrict pp 1**が設定されていると、pp 1がアップの時だけ500001のDNSサーバーが利用されます。このため、pp 1がダウンするとpp 2側のDNSサーバーが利用されます。**any**は、DNSのすべての問い合わせに対し、この設定を反映するという意味です。

まとめ：3.9　インターネット接続のバックアップ

- ネットワークバックアップは、ICMP Echoで監視して応答がなくなるとバックアップに切り替える方法である。
- フローティングスタティックは、動的経路が失われた時に静的経路が有効になることでバックアップに切り替える方法である。
- インターフェースバックアップは、ISPとの接続がダウンした時にバックアップに切り替える方法である。

3.10 VRRPを利用したバックアップ回線への切り替え

ルーターが故障した時もインターネットとの通信を継続させたいといった要望がある時は、VRRPが利用できます。

3.10.1 ヤマハルーターでVRRPを利用するメリット

インターネット接続のバックアップでは、1台のルーターが接続するISPを切り替えることで、バックアップ回線に切り替えを行っていました。この場合、ルーターが故障するとバックアップ回線も使えなくなり、インターネットと通信できなくなってしまいます。

ルーターが故障した時も、ISPを切り替えてインターネットとの通信を継続したい場合、ルーターでVRRPを利用します。

前提とするネットワークは、以下のとおりです。

■ ヤマハルーターのVRRP設定を説明するためのネットワーク

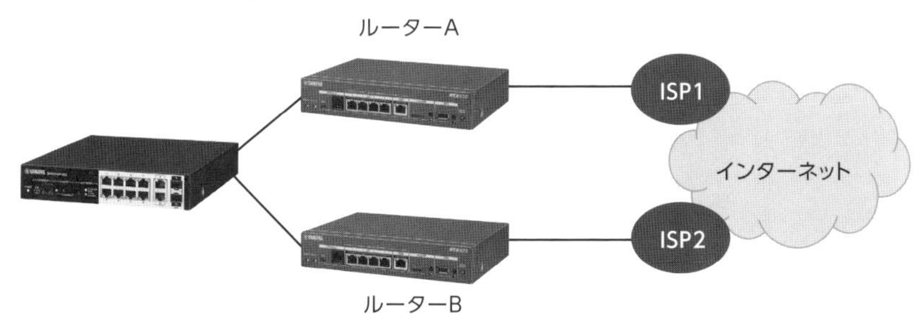

アクセス回線は、必ず2つ必要です。

通常時はルーターAとISP1を経由して、インターネットと通信します。ルーターBは、LAN側でルーターAからのVRRPパケットを監視します。もし、ルーターA

が故障してVRRPパケットが届かなくなると(デフォルトは3秒)、ルーターBがマスタールーターに切り替わってISP2経由でインターネットと通信できるようになります。

3.10.2 ヤマハルーターのVRRP設定

ヤマハルーターでのVRRP設定を説明します。最初は、ルーターAの設定です。

```
# ip lan1 vrrp 1 172.16.20.1 priority=120     ①
# ip lan1 vrrp shutdown trigger 1 pp 1        ②
```

① **ip lan1 vrrp 1 172.16.20.1 priority=120**

vrrpに続く**1**は、VRIDです。172.16.20.1は、仮想IPアドレスです。**priority**は優先度です。

② **ip lan1 vrrp shutdown trigger 1 pp 1**

triggerに続く**1**は、VRIDです。この設定により、pp 1がダウンすると、マスタールーターではなくなります。

■ **アクセス回線側がダウンした時もマスタールーターを切り替える**

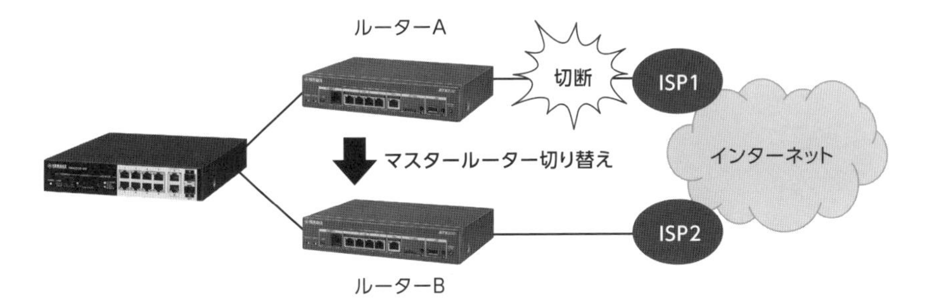

これは、ISP1との接続がダウンしてもルーターAがマスタールーターのままでいると、インターネットと通信できないためです。(VRRPパケットは、LANスイッチ側で送信されます。このため、②の設定がないとISP1との回線が切断されてもマスタールーターは切り替わりません。)

ルーターBの設定は、以下のとおりです。

```
# ip lan1 vrrp 1 172.16.20.1
```

VRIDと仮想IPアドレスを設定していますが、優先度は設定していません。優先度のデフォルトは100なので、ルーターA側がマスタールーターになります。

3.10.3 ヤマハルーターのVRRP確認

VRRPの状態は、**show status vrrp**コマンドで確認できます。以下は、ルーターBの表示結果です。

```
# show status vrrp
 LAN1 ID:1  仮想IPアドレス: 172.16.20.1
  現在のマスター: 172.16.20.2 優先度: 120
      自分の状態: Backup / 優先度: 100  Preempt  認証: NONE  タイマ: 1
#
# show status vrrp
 LAN1 ID:1  仮想IPアドレス: 172.16.20.1
  現在のマスター: 172.16.20.3 優先度: 100
      自分の状態: Master / 優先度: 100  Preempt  認証: NONE  タイマ: 1
```

最初の**show status vrrp**の表示は、正常時の結果です。自分の状態が**Backup**になっています。次の**show status vrrp**の表示は、ルーターAでISP1との接続を切断させた時の結果です。自分の状態が**Master**になっています。また、現在のマスターのIPアドレスも、172.16.20.2から172.16.20.3に変更になっているのが確認できます。

DNSに関しては、ルーターAの時はISP1から取得したもの、ルーターBに切り替わった後はISP2から取得したものを利用することになります。これは、VRRPの利用とは関係なく、それぞれのルーターがPPPoEで接続した時に各ISPから自動で取得したものを使うためです。

まとめ：3.10　VRRPを利用したバックアップ回線への切り替え

- ヤマハルーターでVRRPを利用すると、ルーターが故障した時でももう1台のルーターに経路を切り替えて、インターネットとの通信を継続できる。
- ヤマハルーターでVRRPを設定する時は、ISP接続側がダウンした時もマスタールーターでなくなるように設定する。

3.11 スケジュール機能

指定した時間にルーターやLANスイッチのコマンドを実行したいといった要望がある時は、スケジュール機能が有効です。
スケジュール機能は、ルーターでもLANスイッチでも使えます。

3.11.1 スケジュール機能の概要

スケジュール機能は、指定した時間にコマンドを実行する機能です。たとえば、毎日10時に再起動するといった設定も可能です。
小規模ネットワークでルーターのNTP設定の際、毎日0時にntp.nict.jpに同期するように設定しましたが、これもスケジュール機能です。

3.11.2 ルーターへのスケジュール機能設定

深夜はインターネットを使えないようにしたいため、毎日22時から翌朝8時まではルーターでISPとの接続を切断したいとします。その時の設定は、以下です。

```
# schedule at 2 */* 22:00:00 * pp disable 1
# schedule at 3 */* 8:00:00 * pp enable 1
```

上記により、毎日22時にpp1を切断し、毎日8時にpp1を接続します。

schedule at コマンドの書式は、以下のとおりです。

```
schedule at スケジュール番号 [ 月日 ] 時間 * コマンド
```

[] 内は、省略可能です。それぞれの説明は、以下です。

- **スケジュール番号**
  スケジュール番号は､重複しないように指定します。同じ時間が指定された場合は､小さい番号から順番に実行されます。
- **[月日]**
  1/2 と指定すると 1月 2日になります。月で 1,2 と指定すると 1月と 2月です。1-3 と指定すると 1月から 3月です。日の指定でも同様です。日では、mon や sun など曜日の 3 文字でも指定できます。例のように */* で指定すると、毎日になります。省略した場合も、毎日になります。
- **時間**
  時 :分 :秒で指定します。

以下のように、日時を指定するのではなく 10 分後に再起動するといった設定も可能です。

```
# schedule at 2 +600 * restart
```

+600 は 600 秒後を示すため、10 分後ということになります。

3.11.3 LANスイッチへのスケジュール機能設定

節電のため、平日22時から翌朝8時までと土日は、LANスイッチのPoEを停止したいとします。その時の設定は、以下です。

```
SWX2310P(config)# schedule template 1                          ①
SWX2310P(config-schedule)# cli-command 1 configure terminal    ②
SWX2310P(config-schedule)# cli-command 2 power-inline disable  ②
SWX2310P(config-schedule)# exit
SWX2310P(config)# schedule 1 time */mon-fri 22:00:00 1         ③
SWX2310P(config)# schedule template 2                          ④
SWX2310P(config-schedule)# cli-command 1 configure terminal    ⑤
SWX2310P(config-schedule)# cli-command 2 power-inline enable   ⑤
SWX2310P(config-schedule)# exit
SWX2310P(config)# schedule 2 time */mon-fri 8:00:00 2          ⑥
```

① **schedule template 1**

スケジュールテンプレートを番号1で作成しています。LANスイッチでは、実行するコマンドをスケジュールテンプレートで定義し、そのスケジュールテンプレートを実行する日時を設定するという手順になります。

② **cli-command 1 configure terminal**
cli-command 2 power-inline disable

グローバルコンフィグレーションモードに移行した後、**power-inline disable**コマンド(装置全体で給電を停止)を実行する設定です。番号の小さい順に実行されます。

③ **schedule 1 time */mon-fri 22:00:00 1**

スケジュールの番号を1として、月曜日から金曜日の22時にスケジュールテンプレートの1を実行します(つまり、給電を停止します)。

④ **schedule template 2**

スケジュールテンプレートを番号2で作成しています。このように、スケジュールテンプレートは複数作成できます。

⑤ **cli-command 1 configure terminal**
cli-command 2 power-inline enable

グローバルコンフィグレーションモードに移行した後、**power-inline enable**コマンド(装置全体で給電を有効化)を実行する設定です。

⑥ **schedule 2 time */mon-fri 8:00:00 2**

スケジュールの番号を2として、月曜日から金曜日の毎日8時にスケジュールテンプレートの2を実行します(つまり、給電を開始します)。

③と⑥のコマンドの書式は、以下のとおりです。

---

schedule スケジュール番号 **time** 月日 時間 スケジュールテンプレート番号

スケジュール番号と月日、時間の指定方法は、ルーターと同じです。スケジュールテンプレート番号は、**schedule template** コマンドで作成した番号を指定します。

まとめ：3.11　スケジュール機能

- スケジュール機能を利用すると、指定した時間にコマンドを実行できる。
- スケジュール機能では、指定した時間に1回だけ、週に1回だけ、毎日繰り返し実行するなどの指定ができる。

3.12 QoS

通信が途切れないように最優先で送信したいものがある、大量のファイル転送で他の通信を圧迫させたくないといった要望がある時は、QoS(Quality of Service)が有効です。

QoSは、ルーターとLANスイッチ両方で使えます。

3.12.1 QoSの機能説明

QoSは、音声や動画などのサービスが途切れたりしないように、通信の品質を確保する技術です。

音声は、最近では電話で話す時もVoIP(Voice over IP)といって、IPパケット化されて通信することも多くなってきました。VoIPは、遅延に厳しい通信です。少しの遅延で、相手の会話が返ってくるのが遅く感じたり、無音になったります。このようにならないようにするのが、QoSの役割です。

QoSには、以下2種類の制御方法があります。

帯域制御

ファイルサーバーとの通信で大量のデータ転送がある場合、他の通信を圧迫しないように使える帯域(通信速度)を100M bpsに制限するなどができます。また、最低10M bps確保するといった帯域保障(速度保障)できる装置もあります。

優先制御

VoIPなどの遅延に厳しい通信を、先に送信する制御方法です。

ルーターやLANスイッチには、受信したデータを送信する前に溜めておくキューがあります。QoSを利用しない場合、FIFO(First In First Out)といって、先に受信したものから先に送信していきます。キューがデータで一杯の時に受信すると、データが破棄されます。

■ キューとFIFO

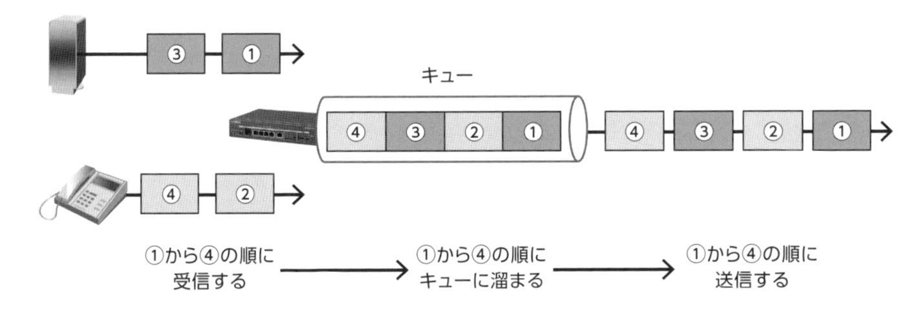

Qosを利用した場合、複数のキューにデータを溜めて、データを送信する順番を変えることで帯域制御したり、優先制御したりします。

どちらの制御方法でも、以下の順番に処理が行われます。

■ QoSの処理順序

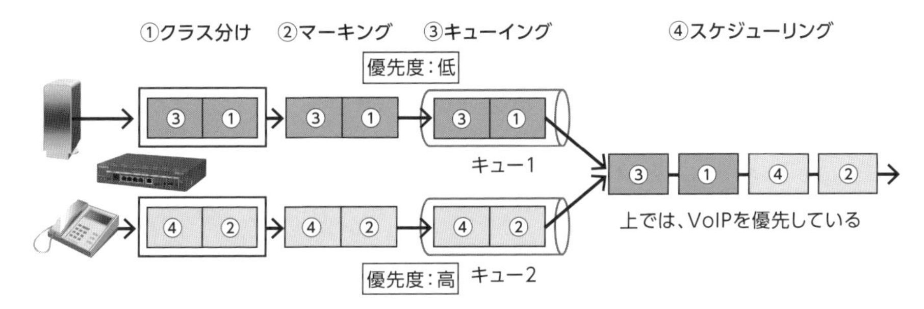

それぞれの説明は、以下のとおりです。

① クラス分け

受信したデータを、設定された内容に従って分類します。たとえば、送信先IPアドレスが172.16.10.2であればクラス1に分類するなどです。

② マーキング

クラス分けしたフレームに、優先度を付与します。

③ キューイング

マーキングの優先度に従って、対応するキューに溜めていきます。

④ スケジューリング

キューに溜めたフレームの送信順序を決めて、送り出します。この時、優先度が高いキューから優先的に送信されます。

クラス分けでは、以下の情報を使って分類ができます。

■ クラス分けで使われる情報(例)

情報	説明
IPアドレス	送信元や宛先のIPアドレス
VLAN ID	VLAN番号
CoS値	フレーム中にある優先度を示す情報
Precedence値	IPヘッダーにあるパケットの優先度を示す情報
DSCP値	IPヘッダーにあるパケットの優先度と破棄率を示す情報

CoS(Class of Service)も、Precedenceも、DSCP(Differentiated Services Code Point)も、その通信がどれほど重要で優先されるべきかを示す印として、マーキングで使われます。そのマーキングを見て、次に受信したルーターやLANスイッチも優先度を決めます。

CoSは、フレームヘッダーの内、3bitを使います。Precedenceは、IPヘッダーの内、3bitを使います。どちらも3bitなので、8段階の優先度を示せます。

DSCPは、Precedenceの3bitを6bitに拡張して、拡張した3bitで破棄率も示せるようにしています。たとえば、キューにデータが溜まってくると、キューが一杯になる前に破棄率が高いデータが先に破棄され始めます。これは、破棄率が低いデータが破棄されないようにするため、早めに破棄を始めるということです。

3.12.2 ヤマハルーターでの帯域制御の設定

ヤマハルーターでの帯域制御の設定方法を説明します。
前提とするネットワークは、以下のとおりです。

■ ヤマハルーターで帯域制御の設定を説明するためのネットワーク構成

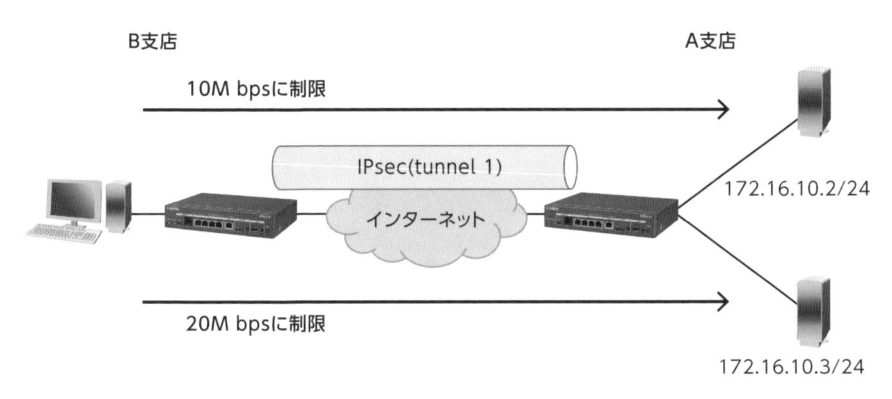

B 支店から172.16.10.2 への通信を10M bps、172.16.10.3 への通信を20M bps に制限したいとします。その時の B 支店のルーターでの設定は、以下のとおりです。

```
# queue lan2 type shaping                            ①
# queue class filter 1 1 ip * 172.16.10.2            ②
# queue class filter 2 3 ip * 172.16.10.3            ②
# queue lan2 class property 1 bandwidth=10m          ③
# queue lan2 class property 3 bandwidth=20m          ③
# tunnel select 1
tunnel1# queue tunnel class filter list 1 2          ④
```

① queue lan2 type shaping

制御方法を帯域制御に設定しています。

② queue class filter 1 1 ip * 172.16.10.2
queue class filter 2 3 ip * 172.16.10.3

172.16.10.2宛ての通信をクラス 1 に、172.16.10.3宛ての通信をクラス 3 に分類しています。最初の **1** と **2** が識別番号で、次の **1** と **3** がクラスを示しています。この設定に該当しない通信は、デフォルトではクラス 2 に分類されます。

③ **queue lan2 class property 1 bandwidth=10m**
queue lan2 class property 3 bandwidth=20m
クラス1に10M bps、クラス3に20M bpsの帯域制限を設定しています。
bandwidth=10m,20mとカンマ(**,**)で区切って2つ帯域を記載すると、10M bpsの帯域保障をして20M bpsに帯域制限する設定になります。

④ **queue tunnel class filter list 1 2**
識別番号の**1**と**2**を指定して、tunnel 1に対して帯域制御を有効にしています。

③のクラス分け方法の例として、以下の設定ができます。

---

a） **queue class filter** 識別番号 クラス **ip** 送信元IPアドレス[宛先IPアドレス[プロトコル[送信元ポート番号[宛先ポート番号]]]]
b） **queue class filter** 識別番号 **precedence ip** 送信元IPアドレス[宛先IPアドレス[プロトコル[送信元ポート番号[宛先ポート番号]]]]

[]内は、省略可能です。*を指定すると、すべてという意味になります。たとえば、送信元IPアドレスで*を指定すると、送信元に限らず適用するという意味になります。

先ほどの設定の②では、a)の指定方法を使って設定しています。

b)では、クラスを指定する部分がありませんが、IPヘッダーの**Precedence**値によってルーターが以下の適切なクラスに自動で分類してくれます。

■ Precedence値によるクラス分け

Precedence値	クラス	意味
0	1	ベストエフォート
1	2	低優先
2	3	中低優先
3	4	中高優先
4	5	高優先
5	6	絶対優先
6	7	インターネット制御
7	8	ネットワーク制御

クラス分けされた後、帯域制御の場合は設定した帯域の範囲で各クラスに対応するキューからラウンドロビン(順番)で送信します。つまり、今回の設定例ではクラス1のキューは10M bps、クラス3のキューは20M bpsを超えないように、スケジューリングされて送信されます。

なお、戻りパケットも帯域制御したい場合は、A支店側のルーターでも同様の設定が必要です。

3.12.3 ヤマハルーターでの優先制御の設定

ヤマハルーターでの優先制御の設定方法を説明します。

前提とするネットワークは、以下のとおりです。

■ ヤマハルーターで優先制御の設定を説明するためのネットワーク構成

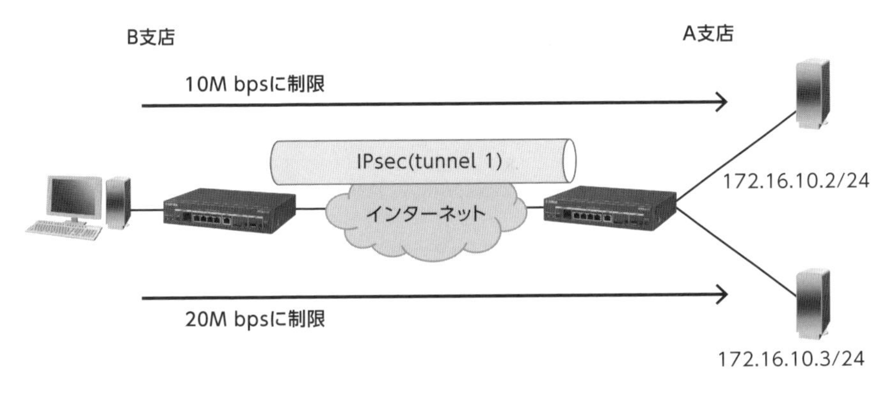

B支店からの172.16.10.2への通信を他の通信より優先したいとします。その時の設定は、以下のとおりです。

```
# queue lan2 type priority                              ①
# queue class filter 1 3 ip * 172.16.10.2
# queue class filter 2 precedence ip *                  ②
# tunnel select 1
tunnel1# queue tunnel class filter list 1 2
```

① `queue lan2 type priority`

制御方法を優先制御に設定しています。

② `queue class filter 2 precedence ip *`

Precedenceの値に従って、適切なクラスに分類されるよう設定しています。

この設定によって、172.16.10.2宛ての通信はクラス3に分類されます。帯域制御ではクラスに対応するキューのデータはラウンドロビンで送信されましたが、優先制御ではクラスの数字が大きいキューにデータがなくなると、次に大きな数字のキューが送信されるという処理がされます。つまり、クラスの数字が大きなキューが優先され、そのデータがなくなるまでクラスの数字が小さなキューからは送信しないということです。

■ ルーターでの優先制御時のデータ処理方法

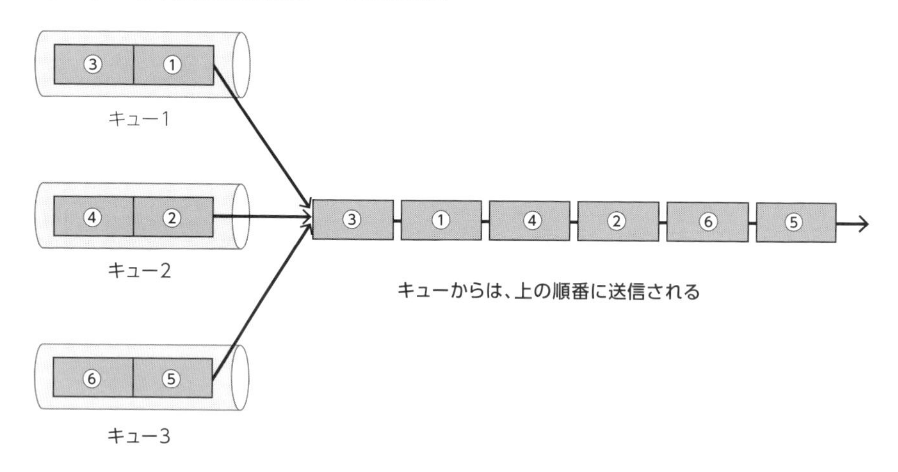

②の設定があるため、他の通信はPrecedenceの値によって適切なクラスに分類されます。通常、優先度を意識しない通信は、Precedenceに0が設定されて送信されるため、クラス1に分類されます。クラス1に分類された通信は、クラス3に分類される172.16.10.2宛ての通信がなくなるまで送信されません。

このため、膨大な通信量となるものを高いクラスに分類すると、他の通信がほとんどできなくなります。一般的には、通信量が少なくて優先すべき通信（VoIPなど）を高いクラスに分類します。

なお、戻りパケットも優先制御したい場合は、A支店側のルーターでも同様の設定が必要です。

3.12.4 ヤマハルーターでのQoSの状態表示

QoSが有効な時、どのクラス(キュー)が使われているのか確認する際は、**show status qos all** コマンドが使えます。

```
# show status qos all
LAN2
キューイングタイプ:             shaping
インタフェース速度:             1g
[帯域]
クラス    設定帯域                使用帯域 (%)     ピーク   記録日時
------- ----------------- -----------  ------  ------------------
  1     10m               1.10k (< 1%)  1.10k  2022/05/05 14:03:01
  2     -                  396  (< 1%)   564   2022/05/05 14:02:11
  3     20m                  0  (  0%)    0    ----/--/-- --:--:--
------- ----------------- -----------  ------  ------------------
クラス数:                         3
保証帯域合計:                     30m
[キュー長]
クラス    上限   エンキュー回数     デキュー   現在 ピーク   記録日時
              成功  /  失敗       回数
------- ----- -------------- -------- ---------- ------------------
  1     200      16/      0   16       0     1    2022/05/05 14:03:01
  2     200      28/      0   28       0     1    2022/05/05 14:03:03
  3     200       0/      0    0       0     0    ----/--/-- --:--:--
------- ----- -------------- -------- ---------- ------------------
[Dynamic Class Control]
   Dynamic Class Control 機能は停止しています
```

クラス1が10M bps、クラス3が20M bpsに制限されていること、エンキュー回数でどのクラスのキューが使われたのかがわかります。エンキューがキューへの入力、デキューがキューからの送信です。

3.12.5 ヤマハ LAN スイッチでの帯域制御の設定

ヤマハ LAN スイッチで QoS を利用する時は、通信をクラス分けするためにクラスマップを作成し、そのクラスマップに一致するとどのような処理をするのかをポリシーマップで定義します。このポリシーマップをポートに適用することで、指定した処理を行うことができます。

■ クラスマップとポリシーマップ

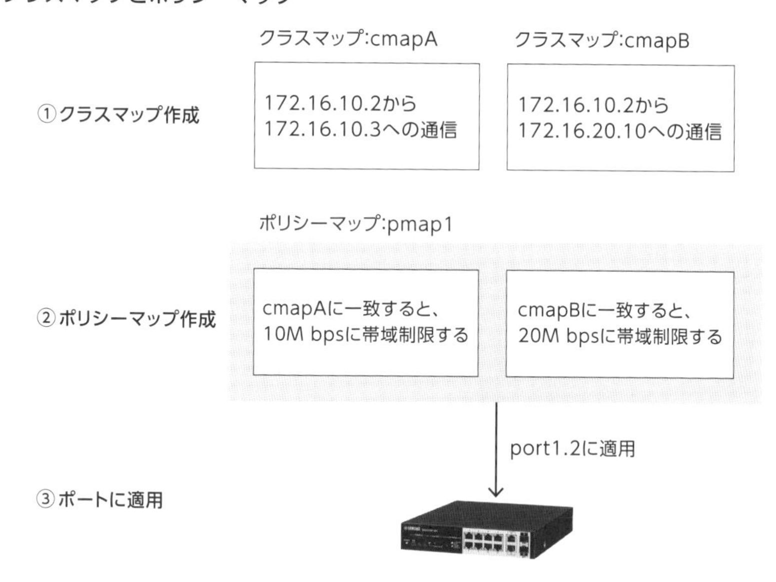

これを念頭に、ヤマハ LAN スイッチでの帯域制御の設定を説明します。
前提とするネットワークは、以下のとおりです。

■ ヤマハLANスイッチで帯域制御の設定を説明するためのネットワーク構成

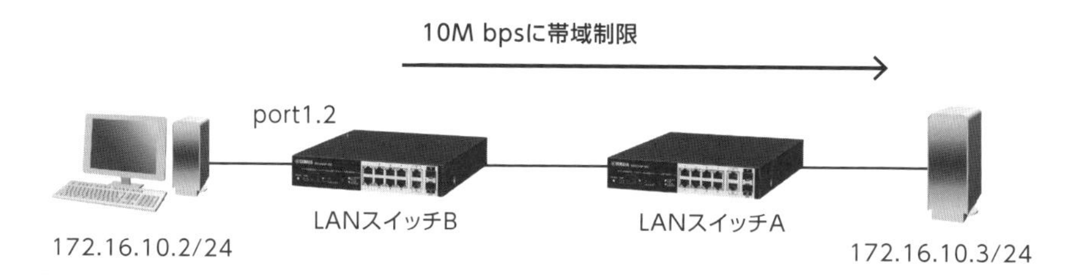

パソコンからファイルサーバーへの通信を、10M bpsに制限したいとします。
その時のLAN スイッチ Bでの設定は、以下のとおりです。

```
SWX3220(config)# qos enable                                   ①
SWX3220(config)# access-list 1 permit any host 172.16.10.2 host 172.1
6.10.3                                                        ②
SWX3220(config)# class-map cmapA                              ③
SWX3220(config-cmap)# match access-list 1                     ④
SWX3220(config-cmap)# exit
SWX3220(config)# policy-map pmap1                             ⑤
SWX3220(config-pmap)# class cmapA                             ⑥
SWX3220(config-pmap-c)# police single-rate 10000 64 11 yellow-action
drop red-action drop                                          ⑦
SWX3220(config-pmap-c)# exit
SWX3220(config-pmap)# exit
SWX3220(config)# interface port1.2
SWX3220(config-if)# service-policy input pmap1                ⑧
```

① qos enable

QoSを有効にしています。デフォルトは、無効です。

② access-list 1 permit any host 172.16.10.2 host 172.16.10.3

アクセスリストの番号を**1**として、172.16.10.2 から172.16.10.3 への通信を対象にしています。この指定方法は、265 ページで説明します。

③ class-map cmapA

クラスマップとして**cmapA**を作成しています。

④ match access-list 1

cmapAの一致条件は、②で設定したアクセスリストの1番であることを設定しています。つまり、172.16.10.2 から172.16.10.3 への通信を対象にしたクラスが作成されたことになります。

⑤ policy-map pmap1

ポリシーマップとして、**pmap1**を作成しています。

⑥ class cmapA

pmap1の中で、cmapAのクラスマップを適用してクラス分けすることを設定しています。つまり、172.16.10.2 から172.16.10.3 への通信がクラス分けの対象になります。③の設定と同じに思えるかもしれませんが、③の設定はクラスを作る時の設定です。この⑥では、作成したクラスをポリシーマップに適用する設定になります。複数の(SWX3220-16MTとSWX2310P-10Gでは8つまでの)クラスマップを適用して、クラスマップごとに処理を設定 (⑦のような設定が) できます。

⑦ **police single-rate 10000 64 11 yellow-action drop red-action drop**
cmapA でクラス分けされた通信は、10M bps(10000k bps) に帯域制限する設定をしています。64 はしきい値 1 で、一時的なバースト (大量送信) 許容量が 64k byte であることを示し、これを超えると **yellow-action** で指定した処理 (この例では **drop**: 破棄) が行われます。11 はしきい値 2 で、さらにプラスでバーストが 11k byte を超えると **red-acion** で指定した処理が行われます。

⑧ **service-policy input pmap1**
port1.2 に対して、ポリシーマップの **pmap1** を適用しています。

⑦の設定について、補足します。この設定例では、一時的なバースト転送許容量として 64k byte を用意しています。この領域をバケットと呼びます。バケットには、定期的に (制限する帯域に応じて) トークンというものが溜められていき、バケットにトークンがある内は IP パケット (バケットと表示が似ているので区別するため、ここでは IP パケットと表現します) の転送が可能です。これを、トークンバケットアルゴリズムと言います。

■ トークンバケットアルゴリズム

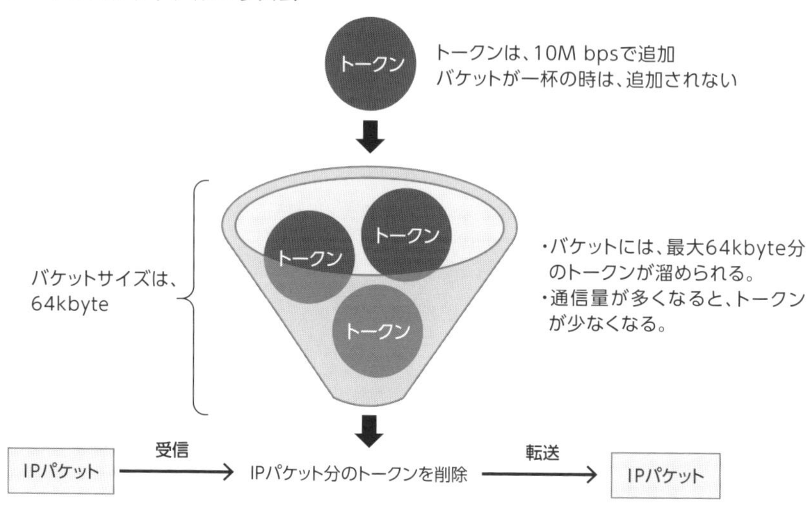

トークンがバケット一杯に溜まっている場合、10M bpsを超える(バースト)通信があったとしても、バケット内にトークンがあるかぎり、IPパケットは転送されます。つまり、少しの間は10M bpsを超える通信が可能ということです。しかし、トークンが足りなくなると、IPパケットは転送できなくなります。

転送できなかったIPパケットは、11k byteをバケットサイズとして再度トークンバケットアルゴリズムによって、転送可能か判定されます。

トークンバケットアルゴリズムによる判定の結果、トークンが十分ある状態や、一時的なバーストが発生した状態などで、次の帯域クラスに分けられます。

■ **帯域クラス**

帯域クラス	意味
Green	バケットにIPパケットを転送するためのトークンがある状態
Yellow	バケットにIPパケットを転送するためのトークンがない状態
Red	再度、しきい値2をバケットサイズとして判定したが、それでもバケットにIPパケットを転送するためのトークンがない状態

帯域クラスがYellowと判定されると、`yellow-action`で設定した処理がされます。Redの場合は、`red-action`で設定した処理がされます。

今回は、どちらもdropに設定していますが、transmitにして転送したり、remarkにしてDSCPなどの値を変えたりもできます。

受信したIPパケットが、どのくらい各帯域クラスで処理されたのか確認する時は、**`show qos metering-counters`** コマンドを使います。

```
SWX3220# show qos metering-counters
Interface: port1.1
 (no policy input)

Interface: port1.2(pmap1)

  ****** Individual ******
  Class-map         : cmapA
      Green Bytes   : 3896
      Yellow Bytes  : 1024
      Red Bytes     : 5184
・・・
※以下、すべてのポート分表示
```

先ほどの設定どおりだと、YellowやRedに振り分けられたIPパケットは、すべて破棄されます。この例だと、Yellow(2つ目のバケットにトークンがあった)に1024 byte、Red(2つ目のバケットにトークンがなかった)に5184 byteなど振り分けられていて、かなり破棄されていることがわかります。

これらの動作は、以下のように呼ばれます。

■ ポリサーの動作

動作	説明
メータリング	トークンバケットアルゴリズムによって、帯域クラスに分類します。
ポリシング	分類された帯域クラスに従って、必要であれば破棄(drop)します。
リマーキング	分類された帯域クラスに従って、必要であればCoS、Precedence、DSCPの値を書き換えます(remark)。

この一連の動作をポリサーと呼び、⑦の設定が該当します。⑦の設定で、**`police twin-rate 20000 30000 64 11 yellow-action drop red-action drop`**と設定すると、20M bpsの帯域保障を行い、30M bpsに帯域を制限することができます。**`single-rate`**キーワードではなく、**`twin-rate`**キーワードを使うことで、2つの帯域が指定できるようになるということです。

3.12.6 ヤマハLANスイッチでの優先制御の設定

ヤマハLANスイッチでの優先制御の設定方法を説明します。

前提とするネットワークは、以下のとおりです。

■ ヤマハLANスイッチで優先制御の設定を説明するためのネットワーク構成

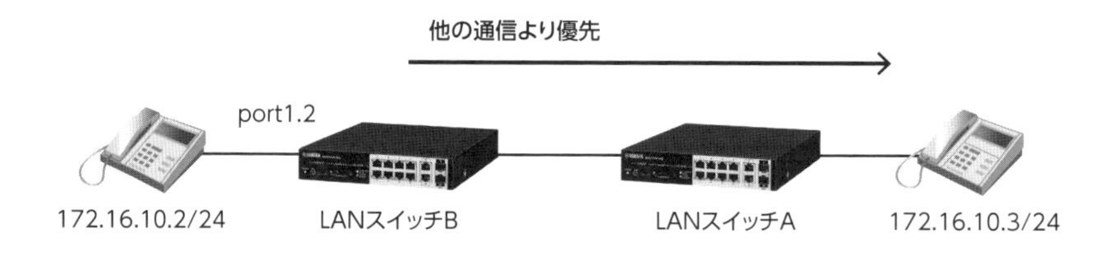

電話によるVoIPを、他の通信より優先したいとします。その時のLANスイッチBの設定は、以下のとおりです。

```
SWX3220(config)# qos enable
SWX3220(config)# access-list 1 permit any host 172.16.10.2 host
172.16.10.3
SWX3220(config)# class-map cmapA
SWX3220(config-cmap)# match access-list 1
SWX3220(config-cmap)# exit
SWX3220(config)# policy-map pmap1
SWX3220(config-pmap)# class cmapA
SWX3220(config-pmap-c)# set ip-dscp 46              ①
SWX3220(config-pmap-c)# exit
SWX3220(config-pmap)# exit
SWX3220(config)# interface port1.2
SWX3220(config-if)# service-policy input pmap1
```

帯域制御の設定と違う部分だけ説明します。

① set ip-dscp 46

cmapAのクラスマップに一致した場合、DSCPの値を**46**にマーキングしています。これで、DSCP46に対応するキューに割り当てられます。

ヤマハLANスイッチでは、CoSやPrecedence、DSCPの値によって、自動で0から7のキューに振り分けられます。

■ CoS、Precedence、DSCPによって振り分けられるキュー

CoS	Precedence	DSCP	キュー
0	0	0~7	2
1	1	8~15	0
2	2	16~23	1
3	3	24~31	3
4	4	32~39	4
5	5	40~47	5
6	6	48~55	6
7	7	56~63	7

たとえば、Cosが1であればキュー0に振り分けられます。

DSCPの値として8~15などとありますが、8は6bitで表すと001000になります。この上位3bitを抜き出すと001なので、これがPrecedenceの1に対応しています。同様に、DSCPの16がPrecedenceの2に対応しています。このように、DSCPの0、8、16、24、32、40、48、56がPrecedenceの0から7に対応していて、優先度だけを示します。その間の数が破棄率を示し、高い数字ほど破棄率が高くなります。

デフォルトでは、番号が大きなキューが絶対優先(Strict)になっていて、そのデータがなくなるまで番号の小さなキューからは送信しません。

以下は、マーキングしたり、キューの振り分けを決めたりするコマンドです。

■ マーキングやキューの振り分けを決めるコマンド

分類	コマンド	説明
①	set cos 値	CoSでマーキングします。
	set ip-precedence 値	Precedenceでマーキングします。
	set ip-dscp 値	DSCPでマーキングします(先ほど説明したコマンド)。
②	set cos-queue 値	指定したCoSに対応するキューを使います。
	set ip-dscp-queue 値	指定したDSCPに対応するキューを使います。

分類の①に該当するコマンドは、プレマーキングと呼ばれるものです。実際に、CoSなどでマーキングするため、他のLANスイッチでもその値を信頼して優先制御できます。

分類の②に該当するコマンドは、マーキングは行いません。設定した値に対応するキューに分類するだけです。つまり、自身が使うキューを変更できますが、マーキング自体は変更しないということです。このため、他のLANスイッチでの優先制御に影響を与えたくないが、自身だけは優先度を変えたい時に使います。

送信時にどのキューが使われているかは、**show qos queue-counters** コマンドで確認できます。

```
SWX3220# show qos queue-counters
QoS: Enable
Interface port1.1 Queue Counters:
  Queue 0           0.0 %
  Queue 1           0.0 %
  Queue 2          52.0 %
  Queue 3           0.0 %
  Queue 4           0.0 %
  Queue 5          24.0 %
  Queue 6           0.0 %
  Queue 7           0.0 %

Interface port1.2 Queue Counters:
  Queue 0           0.0 %
  Queue 1           0.0 %
  Queue 2           0.0 %
  Queue 3           0.0 %
  Queue 4           0.0 %
  Queue 5           0.0 %
  Queue 6           0.0 %
  Queue 7           0.0 %
・・・
※以下、各ポートごとに表示
```

先ほどの設定で、port1.1をLANスイッチAに接続して採取したものです。つまり、port1.2で受信して、port1.1のキューから送信される時、どのキューが使われているかを表示しています。

通常の(DSCPが0の)通信は、キュー2で送信されます。172.16.10.2から172.16.10.3への通信は、キュー5で送信されます。

それぞれのキューで使用率が表示されていますが、その瞬間の使用率です。このため、通信量が少ないとすぐにキューからなくなってしまうため、すべて0.0%で表示されます。

絶対優先ではなくてWRR(Weighted Round Robin)といって、以下のように設定すると重み付けによって送信順序を変えることもできます。

```
SWX3220(config)# qos wrr-weight 0 1
SWX3220(config)# qos wrr-weight 1 2
```

最初の番号の**0**と**1**が、キューの番号です。後の**1**と**2**が重みです。これによって、キュー0とキュー1は1:2の割合で送信されます。つまり、キュー1が空になっていなくても、キュー0からも送信が行われます。

もし、LANスイッチ自体でDSCPをマーキングするのではなく、受信パケットですでにマーキングされたDSCP(今回の例では電話機から送信されたVoIPパケットですでにDSCP46がセットされている)によって優先制御したい場合は、以下の設定だけですみます(クラスマップやポリシーマップの設定は不要です)。

```
SWX3220(config)# qos enable
SWX3220(config)# interface port1.2
SWX3220(config-if)# qos trust dscp
```

qos trust dscpは、受信したパケットのDSCPを信頼する設定です。このため、受信パケットのDSCPの値によって、244ページの表で示した対応するキューに振り分けられ、番号が大きなキューが絶対優先で送信されます。つまり、今回の例で説明すると、電話機からのVoIPでDSCP46がセットされていればキュー5に割り振られ、キュー0から4より優先されるということです。

CoS、Precedence、DSCPのうち、何を信頼するかはトラストモードと呼ばれます。トラストモードのデフォルトは、**qos trust cos**なので、CoSを信頼してキューに割り振ります。

3.12.7 小規模ネットワークでの帯域制御

実用的なQoSの適用例として、1章で構築した小規模ネットワークで帯域制御を利用する設定を説明します。

1章で構築した小規模ネットワークは拠点間接続されていませんが、QoSを説明するためにIPsecで拠点間接続された支店があるとします。

今回、アクセススイッチに接続された172.16.10.10のパソコンから、支店のサーバー192.168.100.100への通信は帯域を10M bpsに制限したいとします。

■ 小規模ネットワークでの帯域制御を説明するためのネットワーク

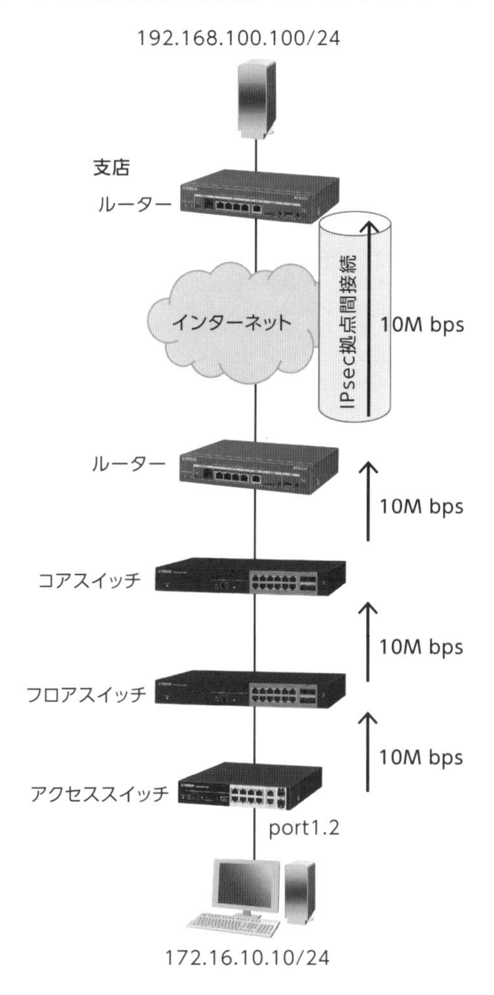

これを実現するための設定を、アクセススイッチ、フロアスイッチ、コアスイッチ、ルーターの順に説明します。

アクセススイッチの設定

アクセススイッチの設定は、以下のとおりです。

```
SWX2310P(config)# qos enable
SWX2310P(config)# access-list 1 permit any host 172.16.10.10 host
192.168.100.100
SWX2310P(config)# class-map cmapA
SWX2310P(config-cmap)# match access-list 1
SWX2310P(config-cmap)# exit
SWX2310P(config)# policy-map pmap1
SWX2310P(config-pmap)# class cmapA
SWX2310P(config-pmap-c)# police single-rate 10000 64 11 yellow-action
drop red-action drop
SWX2310P(config-pmap-c)# set ip-dscp 8                 ①
SWX2310P(config-pmap-c)# exit
SWX2310P(config-pmap)# exit
SWX2310P(config)# interface port1.2
SWX2310P(config-if)# service-policy input pmap1
```

239ページで説明した設定とほとんど同じですが、①を追加しています。①は、DSCP8でマーキングします。

フロアスイッチとコアスイッチの設定

フロアスイッチの設定は、以下のとおりです。

```
SWX3220(config)# qos enable
SWX3220(config)# class-map cmapA
SWX3220(config-cmap)# match ip-dscp 8              ①
SWX3220(config-cmap)# exit
SWX3220(config)# policy-map pmap1
SWX3220(config-pmap)# class cmapA
SWX3220(config-pmap-c)# police single-rate 10000 64 11 yellow-action
drop red-action drop
SWX3220(config-pmap-c)# exit
SWX3220(config-pmap)# exit
SWX3220(config)# interface port1.x                 ②
SWX3220(config-if)#
```

アクセススイッチの設定とほとんど同じですが、access-listで指定していません。①で、DSCP 8のパケットであれば、帯域を10M bpsに制限するようにしています。②は、アクセススイッチに接続するポートを指定します。

コアスイッチの設定も、②で指定するポートが違うだけで他は同じです。コアスイッチでは、フロアスイッチに接続するポートで設定します。

ルーターの設定

ルーターの設定は、以下のとおりです。

```
# queue lan2 type shaping
# queue class filter 1 precedence ip *
# queue lan2 class property 2 bandwidth=10m
# tunnel select 1
tunnel1# queue tunnel class filter list 1
```

アクセススイッチでDSCP 8にマーキングされたパケットは、自動でクラス2に分類されるため、クラス2を10M bpsに帯域制限しています。IPアドレスなどで分類は必要ないため、**ip ***で設定しています。

まとめると、アクセススイッチの分類でDSCP 8にマーキングし、経由するネットワーク機器ではそのDSCPの値によって帯域制限をするといった設定になります。戻りの通信も帯域制御する場合、逆方向の通信でも同様の設定が必要です。

3.12.8 小規模ネットワークでの優先制御

次の実用的なQoSの適用例として、先ほどの小規模ネットワークでパソコンからサーバーへの通信を最優先する方法です。

これを実現するための設定を、アクセススイッチ、フロアスイッチ、コアスイッチ、ルーターの順に説明します。

アクセススイッチの設定

アクセススイッチの設定は、次のとおりです。

```
SWX2310P(config)# qos enable
SWX2310P(config)# access-list 1 permit any host 172.16.10.10 host
192.168.100.100
SWX2310P(config)# class-map cmapA
SWX2310P(config-cmap)# match access-list 1
SWX2310P(config-cmap)# exit
SWX2310P(config)# policy-map pmap1
SWX2310P(config-pmap)# class cmapA
SWX2310P(config-pmap-c)# set ip-dscp 32    ①
SWX2310P(config-pmap-c)# exit
SWX2310P(config-pmap)# exit
SWX2310P(config)# interface port1.2
SWX2310P(config-if)# service-policy input pmap1
```

帯域制御の時と違うのは、①でDSCPの値を32にしている点です。DSCP 32は高優先を示します。

フロアスイッチとコアスイッチの設定

フロアスイッチの設定は、以下のとおりです。

```
SWX3220(config)# qos enable
SWX3220(config)# interface port1.x
SWX3220(config-if)# qos trust dscp
```

アクセススイッチでDSCPのマーキングをしているため、フロアスイッチではアクセススイッチと接続するポートに対してそれを信頼する設定だけ行います。

コアスイッチも設定は同じです。

ルーターの設定

ルーターの設定は、以下のとおりです。

```
# queue lan2 type priority
# queue class filter 1 precedence ip *
# tunnel select 1
tunnel1# queue tunnel class filter list 1
```

アクセススイッチでDSCP 32にマーキングされたパケットは、自動でクラス5に分類されるため、他の通信より優先して送信されます。

このように、アクセススイッチの分類でDSCP 32にマーキングすると、通信経路にあるLANスイッチやルーターはその値を信頼する設定だけで、ネットワーク全体として統一した優先制御が行えます。

今回の例では1つの通信だけ優先させていますが、複数の通信で優先度を付けたいといった要件もあります。この場合、各通信の入り口に接続された(優先度を付けたい通信を送信する機器が接続された)アクセススイッチでDSCPなどマーキングの設定(今回と同じような設定)を行い、各LANスイッチではすべてのポートでqos trust dscpの設定を行います。これで、それぞれの通信がネットワーク全体でDSCPの値にそって優先制御が行えるようになります。

まとめ：3.12　QoS

- QoSを使ってネットワーク全体で統一した制御を行うためには、アクセススイッチでマーキングを行う。
- マーキングされたパケットは、他のLANスイッチやルーターで適切なキューに自動で振り分けられ、適切な制御を行うことができる。

3.13 ヤマハルーターのセキュリティ機能設定

ルーターで、通信を許可したり遮断したりしたいといった要望がある時は、ヤマハルーターが実装しているセキュリティ機能が有効です。

3.13.1 静的フィルターの設定

ヤマハルーターでは、静的フィルターが使えます。通信の行きと戻りをそれぞれ許可、遮断する設定を行います。

以下のように、インターネットに接続された203.0.113.10とLAN内に接続された172.16.10.2の間で通信を許可したいとします。

■ 静的フィルターの設定を説明するためのネットワーク

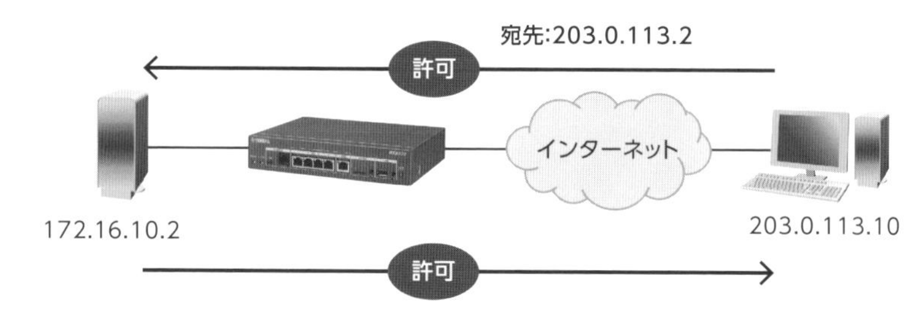

パソコンからは、宛先が203.0.113.2とグローバルアドレスで送られてくるため、途中でプライベートアドレスに変換するためにNATが介在します。その際の判定順序は、次のとおりです。

■ NAT、静的フィルター、ルーティングの判定順序

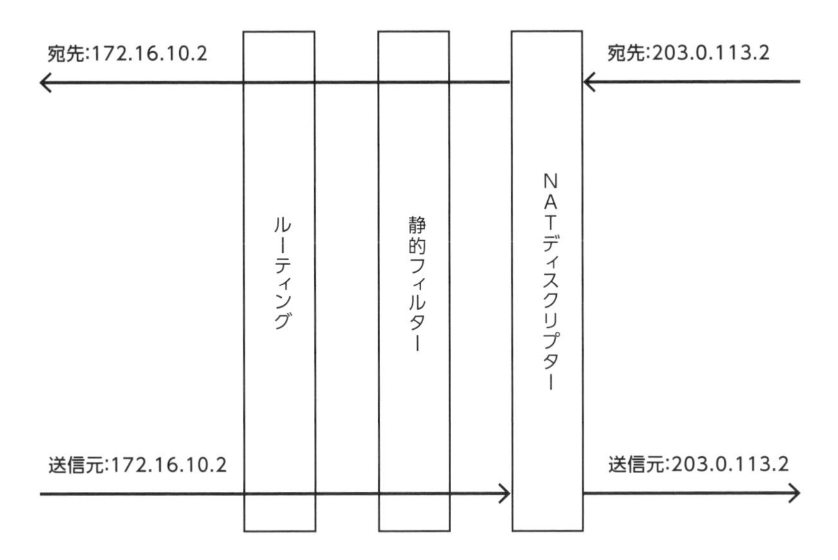

この順序は、静的フィルターの設定を考える上で重要です。

インターネットからの通信でも、インターネットへの通信でも、プライベートアドレスの時に静的フィルターは判定されます。これは、次で説明する動的フィルターでも同じです。

これを踏まえた上で、説明した通信を許可する設定は以下のとおりです。

```
# ip filter 200000 pass 203.0.113.10 172.16.10.2
# ip filter 200010 pass 172.16.10.2 203.0.113.10
# pp select 1
pp1# ip pp secure filter in 200000
pp1# ip pp secure filter out 200010
```

203.0.113.10から172.16.10.2宛てのパケットを、ppインターフェースに対してin(受信)で許可しています。インターネットから203.0.113.2宛ての通信は、NATで変換された後に静的フィルターが適用されるため、宛先をプライベートアドレスで指定しています。グローバルアドレスで指定しても許可されません。

また、172.16.10.2から203.0.113.10宛てのパケットを**out**(送信)で許可しています。インターネットへの通信は、NATでアドレス変換される前に静的フィルターが適用されるため、送信元をプライベートアドレスで指定しています。

許可されない通信は、暗黙の遮断で破棄されます。

ip filterは、以下のコマンド形式で、許可・遮断する通信を定義します。

```
ip filter フィルター番号 許可・遮断 送信元IPアドレス[/マスク][宛先IPアドレス[/マスク][プロトコル[送信元ポート番号[宛先ポート番号]]]]
```

[ ]内はオプションで、必須ではありません。それぞれの意味は、以下のとおりです。

■ **ip filterの設定内容**

項目	説明
フィルター番号	管理番号で、1から21474836までが使えます。重複しないように割り当てが必要です。
許可・遮断	passで通信を許可、rejectで通信を遮断します。
送信元IPアドレス	送信元IPアドレスです。
宛先IPアドレス	宛先IPアドレスです。
マスク	送信元や宛先をネットワークで指定する時に使います。IPアドレスとマスク(サブネットマスク)から計算して、そのサブネットの範囲内にある宛先や送信元すべてが対象になります。
プロトコル	tcp、udp、icmp、espなどが指定できます。
送信元ポート番号	送信元ポート番号です。wwwなどと指定も可能です(wwwの場合は80番)。
宛先ポート番号	宛先ポート番号です。wwwなどと指定も可能です。

ポート番号まで含めたオプションを使う例として、203.0.113.0/24から172.16.10.2へTCP80番宛ての通信を許可する設定例を次に示します。

```
# ip filter 200000 pass 203.0.113.0/255.255.255.0 172.16.10.2 tcp *
80
```

ip pp secure filterは、以下のコマンド形式で、定義したフィルターをppインターフェースに**in**(受信)で許可・遮断するか、**out**(送信)で許可・遮断するかを定義します。

```
ip インターフェース名 secure filter 方向[静的フィルター番号] [dynamic 動的フィルター番号]
```

■ **ip secure filterの設定内容**

項目	説明
インターフェース名	lan2やpp、vlanなど、どのインターフェースに適用するかを設定します。
方向	設定するインターフェースで受信した時にフィルターするのであればin、送信する時にフィルターするのであればoutを指定します。
静的フィルター番号	静的フィルターの番号です。スペースに続けて複数設定できます。
動的フィルター番号	動的フィルター(3.13.2項で説明)の番号です。スペースに続けて複数設定できます。

静的フィルターでも動的フィルターでも、複数番号を指定した場合は先に記述した番号が優先されます。たとえば、**ip pp secure filter in 1 2**と設定したとします。この設定では、最初に**1**が判定されて破棄または許可となった場合、**2**は判定されません。**1**に一致しなかった時に**2**が判定されます。

フィルターを適用していないインターフェースでは、すべての送受信が許可されます。

3.13.2 動的フィルターの設定

ヤマハルーターでは、動的フィルターも使えます。通信の行き(これをトリガーと呼びます)を許可すると、戻りの通信は自動で許可されます。この時、プロトコル特有の動作まで把握して通信を許可しますが、その動作に違反するものは不正な通信と判断して遮断します。

設定方法ですが、以下のように社内LANからインターネットにあるすべてのHTTP(Webサーバー)へのアクセスを許可したいとします。

■ 動的フィルターの設定を説明するためのネットワーク

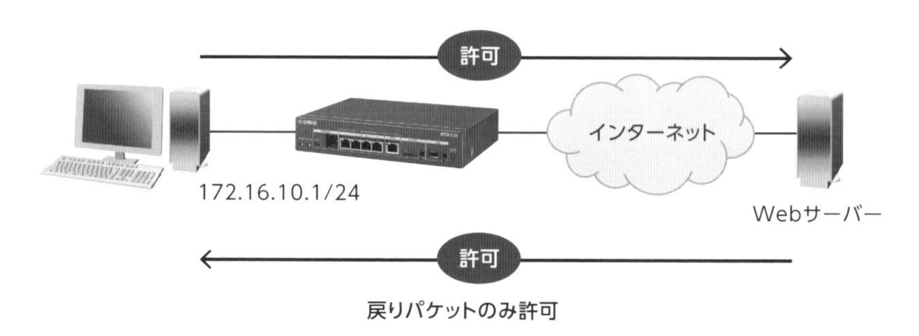

設定は、以下のとおりです。

```
# ip filter dynamic 200010 172.16.10.0/24 * www        ①
# ip filter 200020 reject *                            ②
# pp select 1
pp1# ip pp secure filter out dynamic 200010            ③
pp1# ip pp secure filter in 200020                     ④
```

① **ip filter dynamic 200010 172.16.10.0/24 * www**

動的フィルターで、172.16.10.0/24からのHTTPでの通信を許可しています。

② **ip filter 200020 reject ***

すべての通信を遮断する静的フィルターの設定です。

③ **ip pp secure filter out dynamic 200010**

インターネットへの通信(**out**)に対して、200010番を動的フィルターとして適用しています。

④ **ip pp secure filter in 200020**

インターネットからの通信 (in) に対して、200020番を静的フィルターとして適用してすべて遮断にしています。

③で、動的フィルターを outに適用している点は、ポイントです。トリガーの通信方向に合わせて適用する方向を設定します。これで、④でインターネットからのすべての通信を遮断していますが、戻りの通信は自動で許可されます。

ip filter dynamicは、以下のコマンド形式です。

---

ip filter dynamic フィルター番号 送信元 IP アドレス [/ マスク] 宛先 IP アドレス [/ マスク] プロトコル

それぞれの意味は、以下のとおりです。

■ip filter dynamicの設定内容

項目	説明
フィルター番号	管理番号で、1 から 21474836 までが使えます。重複しないように割り当てが必要です。
送信元 IP アドレス	トリガーとなる通信の送信元 IP アドレスです。
宛先 IP アドレス	トリガーとなる通信の宛先 IP アドレスです。
マスク	送信元や宛先をネットワークで指定する時に使います。そのサブネットマスクの範囲内にある宛先や送信元すべてが対象になります。
プロトコル	tcp、udp、ftp、tftp、domain、www、smtp、pop3、telnet、netmeeting などが指定できます。

動的フィルターは、必ず送受信を許可するよう動作します。このため、遮断という定義はありません。

3.13.3 1章で構築したネットワークへのフィルター適用

1章で構築した小規模ネットワークでは、フィルターを適用していません。このため、インターネットへの通信も、インターネットからの通信も透過してしまいます。

これを、以下のように設定したいとします。

- インターネットからの通信はL2TP/IPsecのみ許可
- 動的フィルターによって、インターネットへの通信はすべて許可

設定は、以下のとおりです。

```
# ip filter 200100 pass * 172.16.1.1 udp * 500      ①
# ip filter 200101 pass * 172.16.1.1 esp            ①
# ip filter 200102 pass * 172.16.1.1 udp * 4500     ①
# ip filter 200103 pass * 172.16.1.1 udp * 1701     ①
# ip filter 200104 pass * 172.16.0.0/16 icmp * *    ②
# ip filter 200199 pass *                           ③
# ip filter dynamic 200210 * * ftp                  ④
# ip filter dynamic 200211 * * domain               ④
# ip filter dynamic 200212 * * www                  ④
# ip filter dynamic 200213 * * smtp                 ④
# ip filter dynamic 200214 * * pop3                 ④
# ip filter dynamic 200215 * * submission           ④
# ip filter dynamic 200216 * * ident                ④
# ip filter dynamic 200217 * * echo                 ④
# ip filter dynamic 200218 * * tcp                  ④
# ip filter dynamic 200219 * * udp                  ④
# pp select 1
pp1# ip pp secure filter in 200100 200101 200102 200103 200104
pp1# ip pp secure filter out 200199 dynamic 200210 200211 200212
200213 200214 200215 200216 200217 200218 200219
```

① L2TP/IPsecで使う通信を**in**で**pass**しているため、インターネットからの通信を静的フィルターで許可しています。

② ICMPのインターネットからの通信を許可しています。動的フィルターは、TCPとUDPだけで使えます。このため、これがないとLANからインターネットへのICMP(**ping**など)で、戻りパケットが破棄されます。

③ すべての通信を**out**で許可しています。これにより、インターネットへの通信がすべて許可されます。

④ 動的フィルターに対応するプロトコルを許可しています。**tcp**と**udp**は、FTP(File Transfer Protocol)などプロトコル特有のやりとりまで判断はしませんが、TCPやUDPであれば通信を許可する指定になります。なお、IMCPはTCPでもUDPでもないため、この設定では許可されません。このため、②の設定が必要という訳です。

2章の大規模ネットワークでも設定はほとんど同じですが、大規模ネットワークの時はL2TP/IPsecを使わずに拠点間接続VPNのIPsecを使っています。このため、UDP 4500番と1701番の許可は不要です。この2つは、L2TP/IPsecの時だけ使うためです。

3.13.4 FQDNフィルターの設定

ヤマハルーターでは、静的フィルターや動的フィルターを設定する時に、送信元や宛先をIPアドレスではなく、FQDNで指定することができます。FQDNフィルターと呼びます。

設定例は、以下のとおりです。

```
# ip filter dynamic 200010 * www.example.com www
# ip filter dynamic 200010 * *.example.com www
```

1行目は、**www.example.com**サーバーへの通信を許可します。2行目は、**example.com**のドメインを持つすべてのサーバー(**example.com**の前の*がすべてを表します)への通信を許可します。

FQDNフィルターを使っていたとしても、実際の通信が発生した時はそのパケットのIPアドレスによって許可か遮断を判断します。この判断する時のIPアドレスは、設定したFQDNからDNSを利用して変換します。このため、ヤマハルーターがDNSを利用できる必要があります。

また、DNSは負荷分散のために、次の2とおり(もしくは①+②)の応答を得ることがあります。

① 複数の IP アドレスを得る。
② 異なる IP アドレスを得る。

DNSで常に1つの IP アドレスを回答すると、1台のサーバーにアクセスが集中し、場合によってはサーバーで処理しきれなくなってしまいます。複数の IP アドレスや異なる IP アドレスを回答すれば、それぞれ別のサーバーにアクセスが行われるため、1台のサーバーに負荷が集中しなくてすみます。

①は、いつどの DNS サーバーに問い合わせても、203.0.113.2 と 203.0.113.3 など複数の IP アドレスが回答されます。このため、ヤマハルーターは DNSで回答を得たすべての IP アドレスを許可・遮断します。

②は、問い合わせる DNS サーバーやタイミングによって、203.0.113.2 と回答されたり、203.0.113.3 と回答されたりします。

この場合、留意が必要です。ヤマハルーターが使う DNS サーバーと、パソコンが使う DNS サーバーが異なったとします。そうすると、同じ FQDN であっても、DNSで解決した IP アドレスが異なる可能性があります。このため、パソコンから送信するパケットの宛先 IP アドレスと、ルーターで許可する宛先 IP アドレスは異なるので、許可設定をしていたとしても、実際には遮断されてしまいます。

■ 同じFQDNで異なるIPアドレスと認識している例

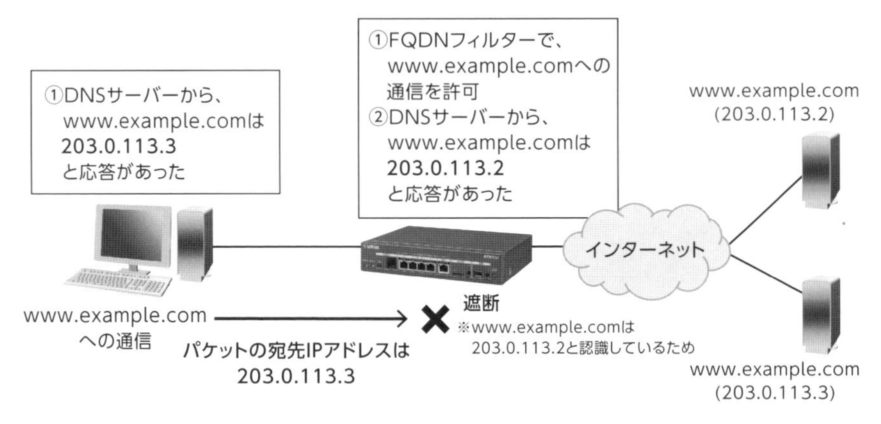

こうならないためには、パソコンで利用する DNS サーバーをヤマハルーターに設定するなど、パソコンとルーターで同じ FQDN に対しては同じ IP アドレスで認識するようにする必要があります。

そうすれば、図の例ではヤマハルーターはwww.example.comを203.0.113.2と認識しているため、パソコンからのDNS問い合わせに対して203.0.113.2を応答します。これで、パソコンはwww.example.comへ通信する時、宛先を203.0.113.2としてパケットを送信し、ヤマハルーターで許可されます。

3.13.5 イーサネットフィルターの設定

ヤマハルーターでは、MACアドレスによって遮断•許可を設定することもできます。イーサネットフィルターと呼びます。

設定例は、以下のとおりです。

```
# ethernet filter 1 reject-nolog 11:ff:11:ff:11:ff  ①
# ethernet filter 2 pass-nolog *                     ②
# ethernet lan1 filter in 1 2                        ③
```

① **ethernet filter 1 reject-nolog 11:ff:11:ff:11:ff**
MACアドレスが**11:ff:11:ff:11:ff**を送信元とするフレームは遮断する設定です。

② **ethernet filter 2 pass-nolog ***
MACアドレスが**11:ff:11:ff:11:ff**以外を送信元とするフレームは許可する設定です。これがないと、すべての通信が遮断されます。

③ **ethernet lan1 filter in 1 2**
lan1にフィルター番号1と2を適用しています。

①と②のコマンド形式は、以下のとおりです。

ethernet filter フィルター番号 許可・遮断 送信元MACアドレス [宛先MACアドレス]

③のコマンド形式は、以下のとおりです。

ethernet インターフェース名 **filter** 方向 フィルター番号

方向は受信に対してであれば`in`、送信に対してであれば`out`を指定します。フィルター番号は、スペースで区切って複数記述できます。

まとめ：3.13　ヤマハルーターのセキュリティ機能設定

- 静的フィルターは、行きと戻りのパケットをそれぞれ許可、遮断する。
- 動的フィルターは、行きのパケットを許可すればプロトコル固有の動作まで把握して戻りのパケットも自動で許可される。
- 静的フィルターでも動的フィルターでも、NAT、静的フィルター、ルーティングの判定順序を理解して設定を行う必要がある。

3.14 ヤマハLANスイッチのセキュリティ機能設定

LAN スイッチで、通信を許可したり遮断したりしたいといった要望がある時は、ヤマハ LAN スイッチが実装しているセキュリティ機能が有効です。

3.14.1 IPv4アクセスリストの設定

ヤマハ LAN スイッチでは、静的 IP フィルタリングをサポートしています。

静的 IP フィルタリングは、通信の行きと戻りをそれぞれ許可、遮断する設定を行います。その方法は、ACL(Access Control List) で対象の IP アドレスを設定し、ポートに適用するという手順で行います。

ACLの設定では、ワイルドカードマスクを使います。たとえば、IP アドレスが 172.16.10.0 でサブネットマスクが255.255.255.0 の場合、含まれる IP アドレスの範囲は172.16.10.0 から255 になります。これを表す時のワイルドカードマスクは、0.0.0.255 になります。サブネットマスクとは、0 と255 の場所が逆になっています。

ワイルドカードマスクは、2進数に変換した後に以下のようなチェックを行います。

- ビットが0 の部分 ：設定した IP アドレスと、実際の通信パケットの IP アドレスが同じかをチェックします。
- ビットが1 の部分 ：チェックしません。

1つ例を挙げます。送信元として IP アドレス 172.16.10.128、ワイルドカードマスクを0.0.0.127 に設定したとします。また、実際の通信で送信元 IP アドレスが 172.16.10.193 だったとします。それを、すべて2進数に変換すると、次になります。

■ IPアドレスとワイルドカードマスクを2進数に変換

項目	2進数
172.16.10.128	10101100.00010000.00001010.10000000
0.0.0.127	00000000.00000000.00000000.01111111
172.16.10.193	10101100.00010000.00001010.11000001

チェックするのは、ワイルドカードマスクが0に該当するグレー部分です。172.16.10.128と172.16.10.193では、グレー部分が一致しているため、172.16.10.193はACLに一致していると判定されます。

実際の設定ですが、172.16.10.2から172.16.20.0/24への通信、172.16.10.2から172.16.30.2への通信をport1.1で受信した時に許可し、それ以外は遮断したいとします。

■ IPv4アクセスリストの設定を説明するための構成

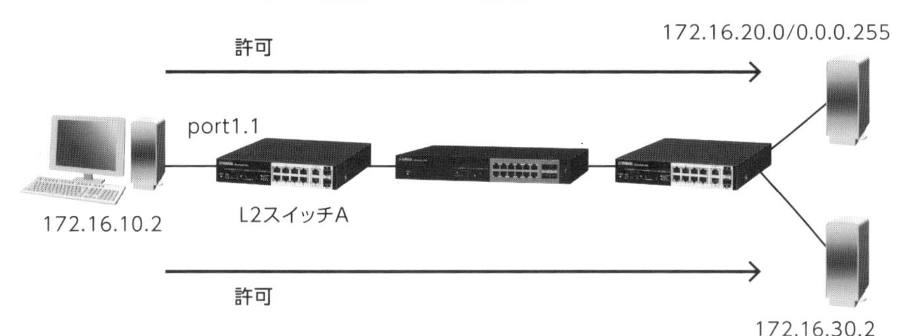

L2スイッチAのport1.1で受信時に上記を許可する。
それ以外は遮断する。

その時の設定は、以下のとおりです。

```
SWX2310P(config)# access-list 1 permit any host 172.16.10.2
172.16.20.0 0.0.0.255                                    ①
SWX2310P(config)# access-list 1 permit any host 172.16.10.2 host 172.
16.30.2                                                  ②
SWX2310P(config)# access-list 1 deny any any any        ③
SWX2310P(config)# interface port1.1
SWX2310P(config-if)# access-group 1 in                  ④
```

① access-list 1 permit any host 172.16.10.2 172.16.20.0 0.0.0.255

アクセスリスト番号1を指定しています。また、プロトコルは**any**、送信元は**host**キーワードを利用して172.16.10.2を指定しています。宛先は、ワイルドカードマスクを利用して172.16.20.0から255の範囲を指定しています。これらの通信を**permit**で許可するよう設定しています。

② access-list 1 permit any host 172.16.10.2 host 172.16.30.2

アクセスリスト番号1を指定しています。また、プロトコルは**any**、送信元は**host**キーワードを利用して172.16.10.2にしています。宛先は、172.16.30.2です。これらの通信を**permit**で許可するよう設定しています。

③ access-list 1 deny any any any

①と②以外の通信は、すべて遮断する設定です。暗黙の遮断はないので、明示的に**deny**で遮断が必要です。

④ access-group 1 in

アクセスリスト番号1を受信時に適用しています。

IPv4アクセスリストのコマンド形式は、以下のとおりです。

```
access-list アクセスリスト番号 [ シーケンス番号 ] 許可・遮断 プロトコル 送信元 IP アドレス [ 送信元ポート番号 ] 宛先 IP アドレス [ 宛先ポート番号 ]
```

アクセスリスト番号は、1から2000が使えます。

シーケンス番号は、同じアクセスリスト番号の中で判定するエントリーの順番を指定します。シーケンス番号を指定せずに同じアクセスリスト番号で設定すると、エントリーの最後にシーケンス番号が10加算されて追加されます。シーケンス番号が小さいエントリーが先に判定され、一致すると後は判定されないため、先に判定させたい場合は小さなシーケンス番号を指定します。

それ以外の項目の説明は、以下のとおりです。

■ IPv4アクセスリストの設定内容

項目	説明
遮断・許可	**deny** を指定すると遮断、**permit** を指定すると許可になります。
プロトコル	**tcp** を指定すると TCP 通信、**udp** を指定すると UDP 通信、**all** を指定するとすべての通信が対象になります。
送信元 IP アドレス 宛先 IP アドレス	これまで説明した指定方法以外では、any を指定するとすべてになります。
送信元ポート番号 宛先ポート番号	プロトコルで **tcp** や **udp** を指定した時に使えます。**eq** ポート番号と指定します（例：**eq 80**）。

ip access-group コマンドは、指定したアクセスリスト番号をポートに **in**（受信）か **out**（送信）時に適用します。各ポートで **in** と **out** それぞれ1つだけ設定できます。

設定した ACL は、**show access-list** で確認できます。

```
SWX2310P# show access-list
IPv4 access list 1
    10 permit any host 172.16.10.2 172.16.20.0 0.0.0.255 [match= 4]
    20 permit any host 172.16.10.2 host 172.16.50.1 [match= 2]
    30 deny any any any [match= 468]
```

各エントリー左の **10** と **20**、**30** がシーケンス番号です。もし、追加するエントリーを **20** より先に判定させたい場合、シーケンス番号を **15** などにして設定します。

また、**match** の後の数字が、そのシーケンス番号の設定に一致したパケット数です。意図したとおりに許可・遮断されていない時に、どの設定で数字が増えているか確認すれば、設定ミスなどを見つけやすくなります。

3.14.2 MACアクセスリストの設定

ヤマハLANスイッチでは、アクセスリストをMACアドレスで指定することもできます。

例として、**11:ff:11:ff:11:ff**から**22:ff:22:ff:22:ff**への通信だけ遮断する設定を示します。

```
SWX2310P(config)# access-list 2001 deny host 11ff.11ff.11ff host
22ff.22ff.22ff
SWX2310P(config)# interface port1.1
SWX2310P(config-if)# access-group 2001 in
```

MACアドレスを指定する時のコマンド形式は、以下のとおりです。

```
access-list ACL番号 [シーケンス番号] 許可・遮断 送信元MACアドレス 宛先MACアドレス
```

項目の意味は、IPv4アクセスリストの時と同じです。ルーターのMACアドレスを宛先で指定すれば、ルーティングだけできないようにできます。

MACアクセスリストは、アクセスリスト番号として2001～3000が使えます。また、IPv4アクセスリストの時と同じで、show access-listで設定したアクセスリストを確認できます。

3.14.3 ポートセキュリティの設定

ポートセキュリティとは、LANスイッチに登録したMACアドレスのフレームだけ通信を許可する機能です。

MAC認証では、RADIUSサーバーで一括認証するため、RADIUSサーバーに登録しておけば、どのLANスイッチに接続しても認証されます。ポートセキュリティでは、1台1台にMACアドレスの登録が必要ですが、RADIUSサーバーが不要なので、登録する数が少なければ簡単に適用できるのがメリットです。

次は、設定例です。

```
SWX2310P(config)# port-security mac-address 11ff.11ff.11ff forward
port1.1 vlan 10                                              ①
SWX2310P(config)# interface port1.1
SWX2310P(config-if)# port-security enable                    ②
SWX2310P(config-if)# port-security violation shutdown        ③
```

① port-security mac-address 11ff.11ff.11ff forward port1.1 vlan 10

port1.1で許可するVLANは10、MACアドレスは**11ff:11ff:11ff**と登録しています。先に、port1.1に**switchport access vlan 10**でVLANを割り当てておく必要があります。

② port-security enable

port1.1に対して、ポートセキュリティを有効にしています。。

③ port-security violation shutdown

登録していないMACアドレスのフレームを受信した際、port1.1をダウンさせるよう設定しています。デフォルトは**discard**で、フレームを破棄してポートのダウンまではしません。

ポートセキュリティによって(設定していないMACアドレスで通信があって)ダウンしたポートは、**show port-security status**コマンドで確認できます。

```
SWX2310P# show port-security status
 Port     Security  Action    Status    Last violation
 -------- --------- --------- --------- -----------------
 port1.1  Enabled   Shutdown  Shutdown  ff11:ff11:ff11
 port1.2  Disabled  Discard   Normal
 port1.3  Disabled  Discard   Normal
 port1.4  Disabled  Discard   Normal
 port1.5  Disabled  Discard   Normal
 port1.6  Disabled  Discard   Normal
 port1.7  Disabled  Discard   Normal
 port1.8  Disabled  Discard   Normal
 port1.9  Disabled  Discard   Normal
 port1.10 Disabled  Discard   Normal
```

各項目は以下を意味します。

■ show port-security statusの説明

項目	説明
Security	Enable はポートセキュリティが有効、Disable は無効を意味します。
Action	許可しない MAC アドレスからの通信があった時の動作を示します。 Discard はフレームの破棄、Shutdown はポートのダウンを意味します。
Status	現在のポートの状態を示します。Normal がフレームを転送している状態、 Blocking はフレーム破棄、Shutdown はポートダウンの状態を示します。
Last violation	最後に受信した許可しない MAC アドレスを示します。

つまり、今回の表示例では、port1.1 がポートセキュリティでダウンしていることがわかります。ダウンしたポートは、**no shutdown** コマンドでアップさせることができます。

```
SWX2310P(config)# interface port1.1
SWX2310P(config-if)# no shutdown
```

アップした後も、再度通信があるとダウンするため、必要であれば **port-security mac-address** コマンドで MAC アドレスを登録します。

まとめ：3.14　ヤマハLANスイッチのセキュリティ機能設定

- IPv4 アクセスリストでは、ワイルドカードマスクを使って対象の IP アドレス範囲を設定する。
- ポートセキュリティは、設定した MAC アドレスのフレームだけ通信を許可する。

3章 さまざまな要件に対応する設計、設定工程、テスト チェックポイント

問1. ネットワーク全体で、port1.2 に接続された機器の通信を DSCP 32 で優先させたいため、アクセススイッチで以下の設定を行いました。

```
SWX2310P(config)# qos enable
SWX2310P(config)# access-list 1 deny any any any
SWX2310P(config)# class-map cmapA
SWX2310P(config-cmap)# match access-list 1
SWX2310P(config-cmap)# exit
SWX2310P(config)# policy-map pmap1
SWX2310P(config-pmap)# class cmapA
SWX2310P(config-pmap-c)# set ip-dscp-queue 32
SWX2310P(config-pmap-c)# exit
SWX2310P(config-pmap)# exit
SWX2310P(config)# interface port1.2
SWX2310P(config-if)# service-policy input pmap1
```

他の LAN スイッチやルーターでは、DSCP 32 であれば優先するように設定しましたが、優先されません。QoS 以外の設定は、問題ないことは確認済みです。この設定には、間違いが 2 か所ありますが、その組み合わせとして正しいものを選択してください。

a) access-list 1 deny any any any と、service-policy input pmap1
b) set ip-dscp-queue 32 と、service-policy input pmap1
c) access-list 1 deny any any any と、set ip-dscp-queue 32
d) match access-list 1 と、policy-map pmap1

問2. 社内ネットワークから Web サーバーにアクセスできるよう、以下の設定を行いました。

```
# ip filter dynamic 200010 * * www
# ip filter 200020 reject *
# pp select 1
```

この後、pp 1 インターフェースに適用するために設定するコマンドの組み合わせはどれですか？

a) ip pp secure filter in dynamic 200010 と ip pp secure filter out 200020

b) ip pp secure filter in 200010 と ip pp secure filter out 200020
c) ip pp secure filter out 200010 と ip pp secure filter in 200020
d) ip pp secure filter out dynamic 200010 と ip pp secure filter in 200020

解答

問1. 正解は、c)です

アクセスリストで **deny** を指定していますが、port1.2 に接続された機器の通信を QoSの対象とするためには **permit** で指定する必要があります。また、**set ip-dscp-queue 32** ではキューの振り分けは行いますが、マーキングして送信はしません。このため、他の装置で優先されません。

問2. 正解は、d)です

ip pp secure filter in 200020 コマンドでインターネットからの通信をすべて遮断し、**ip pp secure filter out dynamic 200010** コマンドで Web サーバーへの通信を許可します。動的フィルターなので、戻りパケットも自動で許可されます。

a) は、**in** と **out** が逆です。b) は、**in** と **out** が逆なのに加えて Web サーバーとの通信を静的フィルターとして登録しようとしています。c) も、Web サーバーとの通信を静的フィルターとして登録しようとしています。

コマンド索引

用語索引

英数字

あ・か・さ行

た行

な・は行

ま・や・ら行

[著者紹介] のびきよ
2004年に「ネットワーク入門サイト（https://beginners-network.com/）」を立ち上げ、初心者にもわかりやすいようネットワーク全般の技術解説を掲載中。 その他、「ホームページ入門サイト（https://beginners-hp.com/）」など、技術系サイトの執筆を中心に活動中。著書に、『現場のプロが教える！ネットワーク運用管理の教科書』、『ヤマハルーターでつくるインターネット VPN 』、『ネットワーク入門・構築の教科書』、『ヤマハルーター＆スイッチによるネットワーク構築標準教科書』(以上マイナビ出版)、『図解即戦力 ネットワーク構築＆運用がこれ1冊でしっかりわかる教科書』(技術評論社)がある。

ブックデザイン：Dada House

ヤマハルーター＆スイッチによる
実践(ジッセン)ネットワーク 技術(ギジュツ)と設計(セッケイ)
[YCNE(ワイシーエヌイー) Advanced(アドバンスト) CORE(コア) ★★★ 対応(タイオウ)]

2024年3月6日　初版第1刷発行

著　者………のびきよ、ヤマハ株式会社
発行者………角竹輝紀
発行所………株式会社 マイナビ出版
〒101-0003 東京都千代田区一ツ橋2-6-3 一ツ橋ビル2F
TEL：0480-38-6872（注文専用ダイヤル）
TEL：03-3556-2731（販売部）
TEL：03-3556-2736（編集部）
E-mail：pc-books@mynavi.jp
URL：https://book.mynavi.jp
印刷・製本……株式会社 ルナテック

ISBN 978-4-8399-8480-9